中国电建集团核电工程有限公司　组织编写

U0177265

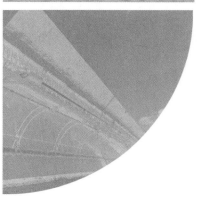

槽式光热电站太阳岛施工关键技术

主　编　程兴利

副主编　李会刚

中国水利水电出版社

www.waterpub.com.cn

·北京·

内 容 提 要

  本书是由参与槽式光热电站太阳岛建设的工程技术人员和专业管理人员编写的实用专业著作。本书共分十章，主要内容包括太阳能发电技术、抛物线槽式光热发电技术、槽式光热电站、槽式光热电站太阳岛、太阳岛土建工程施工技术、太阳岛集热器安装技术、太阳岛导热油管道安装、太阳岛管道保温施工、太阳岛电气设备安装与调试、太阳岛工程质量验收与调试运行等。

  本书可供从事光热电站建设的工程技术人员和专业管理人员阅读，也可供大专院校有关专业的师生参考。

图书在版编目（CIP）数据

槽式光热电站太阳岛施工关键技术 / 程兴利主编．
北京：中国水利水电出版社，2024. 6. -- ISBN 978-7
-5226-2551-5

Ⅰ．TM615

中国国家版本馆CIP数据核字第202458L56X号

书　　名	**槽式光热电站太阳岛施工关键技术** CAOSHI GUANGRE DIANZHAN TAIYANGDAO SHIGONG GUANJIAN JISHU
作　　者	中国电建集团核电工程有限公司　组织编写 主编　程兴利　副主编　李会刚
出版发行	中国水利水电出版社 （北京市海淀区玉渊潭南路 1 号 D 座　100038） 网址：www.waterpub.com.cn E-mail：sales@mwr.gov.cn 电话：（010）68545888（营销中心）
经　　售	北京科水图书销售有限公司 电话：（010）68545874、63202643 全国各地新华书店和相关出版物销售网点
排　　版	中国水利水电出版社微机排版中心
印　　刷	北京印匠彩色印刷有限公司
规　　格	184mm×260mm　16 开本　15.5 印张　349 千字
版　　次	2024 年 6 月第 1 版　2024 年 6 月第 1 次印刷
印　　数	0001—2000 册
定　　价	**145.00 元**

《槽式光热电站太阳岛施工关键技术》
编 委 会

前 言

　　近年来，随着《中华人民共和国可再生能源法》的实施，可再生能源的开发利用已经变得越来越重要。太阳能热发电是可再生能源利用的一个重要方向，发展势头良好。

　　太阳能热（以下简称"光热"）常规发电部分与火力发电类似，仅热源部分区别较大。一般来说，光热发电形式有槽式、塔式、碟式、菲涅尔式四种。中广核德令哈 50MW 槽式光热发电示范项目属于槽式光热电站，于 2018 年 10 月 10 日正式并网发电，是我国首个并网投运的国家级光热示范电站，也是我国第一个大型商业化槽式光热项目。项目于 2014 年 7 月开始投资建设，并于 2016 年 9 月成功入选我国首批光热发电示范项目。中广核德令哈 50MW 槽式光热发电示范项目场址海拔 3000m，极端低温－30℃，为全球首个高寒、高纬度槽式光热电站，为国家首批"光热示范项目"中第一个开工建设、第一个并网发电的光热项目。项目占地面积 2.46km²，采用抛物面槽式导热油太阳能热发电技术，建设有 190 个槽式标准回路，镜场集热面积 62.13 万 m²，配备一套二元硝酸盐熔盐储能系统（储热容量达到 1300MW·h），同时建设一套 50MW 规模的中温、高压、一次再热的水冷汽轮发电机组，可实现 24h 连续稳定发电。项目每年可节约 6 万 t 标准煤，减少二氧化碳排放约 10 万 t，相当于造林 4200 亩，环保效益显著。

　　中广核德令哈 50MW 槽式光热示范项目作为国内第一个投运的大型商业化项目，验证了光热技术在国内特殊地理和气象环境下的可行性和可靠性，完成了光热技术的引进、消化、吸收与再创新，培养了国内领先的科技攻关团队，储备了优秀的光热运维技术骨干，搭建了较完整的技术标准体系，为光热行业高质量发展奠定了基础。2021 年度上网电量同比 2020 年度提升 31.6%。自 2021 年 9 月 19 日至 2022 年 1 月 4 日，机组已经连续运行 107d，刷新了 2020 年最长连续运行 32.2d 的纪录，在国内外均处于领先地位。

　　当下光热电站在电力系统中的定位已由"独立电源型"过渡至以风光储一体化为代表的"储能调峰型"。在德令哈 50MW 槽式光热示范项目的基础上，中国广核新能源控股有限公司将积极布局、有序推进光热一体化项目建设，助力新型电力系统建设和"双碳"目标实现。目前在建的中广核德令哈 200 万 kW 光热储一体化项目在 2024 年年底建成后，年发电量为 36 亿 kW·h，相当于 115 万户居民一年的用电量。该项目建成投产后，每年可节约标准煤 110 万 t，减少二氧化碳排放 260 万 t，对于地区生态环境改善、绿色低碳价值创造，具有显著效益。

作为该项目的参与建设者，就像看到自己的孩子茁壮成长一样无比兴奋和感慨，有必要把该项目建设的经验和不足告知于众，使后来居上的光热电站建设者稳步前进。为此，我们组织相关人员编写了《槽式光热电站太阳岛施工关键技术》一书以飨读者。本书共分十章，主要内容包括太阳能发电技术、抛物线槽式光热发电技术、槽式光热电站、槽式光热电站太阳岛、太阳岛土建工程施工技术、太阳岛集热器安装技术、太阳岛导热油管道安装、太阳岛管道保温施工、太阳岛电气设备安装与调试、太阳岛工程质量验收与调试运行等。

本书可供从事光热电站建设的工程技术人员和专业管理人员阅读，也可供大专院校有关专业的师生参考。

由于作者学识水平有限，书中难免存在不妥和疏漏之处，敬请读者批评指正。

作　者

2024 年 3 月

目 录

前言

第一章　太阳能发电技术 ·· 1
　第一节　太阳能简介 ·· 3
　第二节　太阳能发电 ·· 16

第二章　抛物线槽式光热发电技术 ·························· 31
　第一节　光热发电技术 ·· 33
　第二节　太阳辐射的聚光技术 ······························ 49
　第三节　槽式集热器及其光学性能 ························· 60

第三章　槽式光热电站 ·· 71
　第一节　槽式光热电站简介 ··································· 73
　第二节　槽式光热电站与电网的匹配 ····················· 79

第四章　槽式光热电站太阳岛 ································· 85
　第一节　集热器 ·· 87
　第二节　集热管 ·· 98
　第三节　集热器的跟踪系统 ··································· 103
　第四节　集热器的旋转与膨胀组件 ························· 107
　第五节　集热器支撑立柱及基础 ··························· 108
　第六节　传热介质 ··· 110
　第七节　集热器总成和集热器回路 ························· 114
　第八节　太阳岛 ·· 115

第五章　太阳岛土建工程施工技术 ·························· 121
　第一节　工程概况 ··· 123
　第二节　集热器桩基础施工 ··································· 128
　第三节　太阳岛管道基础施工 ······························ 139
　第四节　太阳岛排水沟施工 ··································· 147

第六章　太阳岛集热器安装技术 ····························· 153
　第一节　工程概况 ··· 155

第二节　集热器安装前准备工作 …………………………………… 157

第三节　集热器安装施工工序 ……………………………………… 159

第四节　集热器驱动支架立柱安装 ………………………………… 160

第五节　集热器单元的安装与校准 ………………………………… 163

第六节　集热管焊接与安装 ………………………………………… 166

第七节　球连接安装 ………………………………………………… 172

第八节　技术创新 …………………………………………………… 173

第九节　施工中存在的问题及处理措施 …………………………… 180

第七章　太阳岛导热油管道安装 ………………………………… 183

第一节　工程概况 …………………………………………………… 185

第二节　导热油管道本体安装 ……………………………………… 186

第三节　阀门安装与试压 …………………………………………… 191

第四节　安装及试运过程中存在的问题 …………………………… 194

第八章　太阳岛管道保温施工 …………………………………… 197

第一节　工程概况 …………………………………………………… 199

第二节　管道保温施工 ……………………………………………… 199

第三节　施工中存在的问题及采取的措施 ………………………… 204

第九章　太阳岛电气设备安装与调试 …………………………… 207

第一节　工程概况 …………………………………………………… 209

第二节　全厂电缆线路施工 ………………………………………… 209

第三节　全场接地装置安装措施 …………………………………… 213

第四节　通信控制系统安装 ………………………………………… 213

第十章　太阳岛工程质量验收与调试运行 ……………………… 223

第一节　工程概况 …………………………………………………… 225

第二节　太阳岛重要系统 …………………………………………… 227

第三节　调试过程 …………………………………………………… 229

第四节　太阳岛试运行 ……………………………………………… 233

第五节　项目开发与进展回顾 ……………………………………… 234

参考文献 …………………………………………………………… 238

第一章

太阳能发电技术

第一节 太阳能简介

一、太阳结构

太阳能光热发电所使用的能量来源是太阳，太阳是太阳系中心的一颗恒星，其直径约为1392000km，大约是地球直径的109倍，质量大约为地球质量的330000倍，太阳具有层状结构，如图1-1-1所示。

1. 日核（core）

太阳的中心是由日核构成的，占到太阳半径的0.23倍，它的特点是密度和压力非常高，温度非常高，大约1500万K。极高的压力和温度足以引起核聚变，氢原子核在高温高压下互相聚合成氦原子核，由此释放大量能量，而这一反应也正是我们所看到的太阳光的来源。目前，太阳由

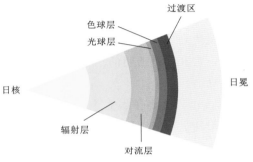

图1-1-1 太阳层状结构示意图

大约75%的氢（重量百分比，下同）、23%的氦和2%的其他元素组成，其余部分被这种向外转移的能量加热，最终以电磁辐射或粒子动能的形式离开太阳。

2. 辐射层（radiative zone）

日核之外的一层是辐射区，半径为0.23～0.7倍太阳半径，平均温度约为700万K，密度和压力也比日核低得多。能量不断随机反射，以"之"字形路径上升到外面的对流层，这一通向对流层的旅程可能会持续100万年，在这期间能量不断重复着被吸收，再通过热辐射被释放，这就导致了最终进入对流层的是能量水平较低的粒子。

3. 对流层（convective zone）

辐射层外面是对流层，半径为0.7～1倍太阳半径，辐射层太阳等离子体的密度比辐射层低得多，温度也比辐射层低（大约200万K）。对流层是太阳物理结构的最外层，在对流层中有巨大的炽热气体柱涌向太阳的表面，就如同壶中的开水滚沸着涌向水面一样，热柱所到之处，也就是太阳表面上能量得以释放之处。

4. 光球层（photosphere）

光球层位于对流层的外面，是我们平时所看见的明亮太阳圆面，我们所说的太阳半径，就是从太阳中心到光球层这一段，它是太阳的可见连续光谱辐射发射的一层，在光球上方，电磁辐射可以自由地传播到空间中。光球层相当薄，在几十到几百千米之间，密度非常低，它的温度大约是5800K，太阳光球层的中间部分要比四周亮一些，这称为"临边昏暗（limb darkening）"现象。这种现象的产生，是由于太阳圆面中间部分的光是从温度较高的太阳深处发射出来的，而圆面边缘部分的光则是由温度较低的层次发出来的。

5. 色球层 (chromosphere)

色球层平均厚度约为 10000km，密度比光球层稀薄，温度有几千至几万摄氏度，但发出的光只有光球层的几千分之一，平时无法看到色球层，只有在发生日全食的时候，在暗黑日轮的边缘才可以看到一弯红光，仅持续几秒钟，这就是色球层的光辉。光球层顶部的温度为几千摄氏度，而色球层顶部的温度却有几万摄氏度，这种反常现象尚未找出确切的原因。

6. 过渡区 (transition region)

过渡区是太阳大气层内介于色球层和日冕中间的一区。

7. 日冕 (corona)

日冕代表了太阳的大气层，日冕的厚度可以高达 20 倍太阳半径，只有在日食时才能看到，它几乎是透明的。日冕的物质非常稀薄，密度低于地球大气的十亿分之一，几乎接近真空。

8. 太阳的重要特征量

太阳的主要特征量见表 1-1-1。

表 1-1-1　　　　　　　　　太 阳 的 主 要 特 征 量

序号	特征量名称	特 征 量 数 值
1	当前年龄	4.5×10^9 年（45 亿年）
2	寿命	10×10^9 年（100 亿年）
3	到地球的距离	平均 1.496×10^{11} m＝1 个天文单位（约 1.5 亿 km）
4	直径（光球层）	1.39×10^9 m（139 万 km）
5	角直径（自地球）	9.6×10^{-3} rad（9.6mrad）
6	体积（光球层）	1.41×10^{27} m^3
7	质量	1.987×10^{30} kg
8	构成成分	氢 73.46%；氦 24.85%；其他为氧、碳、铁、氖等
9	密度	平均 14.1kg/m^3；中心 1600kg/m^3
10	辐射	整体 3.83×10^{26} W；单位表面积 6.33×10^7 W/m^2；1 个天文单位处（太阳常数）1367W/m^2
11	温度	中心 15000000K；表面（光球层）5777K；色球层 4300～50000K；日冕 800000～3000000K
12	能量来源	在太阳内部的核聚变中，质子（氢核，p$^+$）聚变成氦（^{4}He$^+$），释放出额外的正电子（e$^+$）和中微子（v），这一过程导致质量亏损，从而释放出能量。核聚变的综合方程为 $$4p^+ \rightarrow {}^4He^{2+} + 2e^+ + 2v + \Delta mc^2$$
13	质量消耗率	4.1×10^9 kg/s（约 400 万 t/s）

二、太阳核聚变与太阳辐射

太阳之所以能够为我们源源不断地提供能量，主要是因为在太阳的内部不断地发生着核聚变反应，由此才可以放射出如此多的能量。

1. 太阳内部的核聚变反应

核聚变反应不会持续很长时间，应该是在一瞬间爆炸释放出能量之后就完结，如氢弹，氢弹的爆炸只是用原子弹爆炸将所有的氢原子挤压到了一起，从而发生聚变反应，继而引起氢弹爆炸，在这一过程中，也并不是所有的氢原子都会参与爆炸，而当核聚变爆炸发生之后，发射的极高辐射压会将没有参与爆炸的氢原子推向外部，所以氢原子也就不会再继续爆炸，核聚变反应也就停止，氢弹的爆炸也就仅存于一瞬间。

然而，太阳的核聚变与氢弹爆炸不同，太阳的核聚变是由本身所引起的，因为太阳的质量非常大，它的引力也非常强，从而导致太阳本身内部的温度和压力都很高。当核心的温度和密度足够高时，就增加了核聚变反应速率，并且会产生更多的能量，导致热膨胀，抵消了太阳的重力，当核心膨胀时，密度和温度下降，氢原子成功碰撞的概率减小，热核反应率降低，从而进行控制自身。同样的道理，如果核聚变速率变慢，重力又开始挤压核心，这反过来又增加了温度和密度，氢原子成功碰撞的概率又提高了。最后，热核反应率增加到足以平衡自身的重力，以每秒消耗 400 万 t 氢原子最优速率持续下去，太阳的核聚变反应还能持续 50 亿年，之后太阳的氢燃料就不断减少，大约再过 15 亿年之后，太阳的转换就会变为以氦元素为主的核聚变，最后太阳会成为白矮星，并留下行星状星云。

2. 太阳辐射常用物理参数

描述太阳辐射常用到一些辐射物理参数，这些参数彼此关系密切，也很容易被误解，如辐射、辐射能、辐射功率、辐照、辐照度和辐射出射度等，见表 1-1-2。

表 1-1-2　　　　　　　　　　描述太阳辐射的物理参数

序号	辐射物理参数名称	说　明
1	辐射（radiation）	在这里是一种非常普遍的用法，既不表示特定的物理量，也不具有特定的度量，辐射是一种传输过程，能量通过介质或空间传播
2	辐射能（radiant energy）	指以电磁波的形式发射、传输和接收的能量（单位：J）
3	辐射功率（radiant power）	又称辐射通量（radiantflux），指单位时间内通过某一面积的辐射能，是以辐射形式发射、传播或接收的功率（单位：W）
4	辐照（irradiation）	通常用于物体接收辐射的过程，作为一个物理量，它表示单位面积上的入射辐射能（单位：J/m^2）
5	辐照度（irradiance）	指入射到单位接收表面积上的辐射功率，即单位时间和单位面积上所接收的辐射能。太阳辐照度是指太阳辐射经过大气层的吸收、散射、反射等作用后到达地球表面上单位面积单位时间内的辐射能量（单位：W/m^2）
6	辐射出射度（radiant emittance）	指辐射源在单位表面积向半球空间发射的辐射功率，即单位时间从单位面积上发出的辐射能（单位：W/m^2）

3. 太阳辐射

太阳核心核聚变产生的能量以辐射能的形式离开太阳，这种能量的一部分以物质辐射的形式释放出来，而更大的部分以电磁辐射的形式释放出来。电磁辐射是在我们日常环境中重要的辐射，也是太阳能光热发电系统运行的能量来源。太阳发出的电磁辐射在光谱上类似于黑体在一定温度下的热辐射。自然界中所有的物体都会发射电磁辐射，光是某种频率和波长范围内的电磁辐射。然而，并不是所有的物体都会发光，实际上，大多数可见的物体我们之所以看不到，是因为它们不发光，当它们反射来自其他光源的光时就能看得到，这就是为什么我们在晚上看不到白天所能看到的大部分物体。

有一种方法可以使物体即使在晚上也能被看见，而无须照明。当加热到足够的温度时，它们就会开始发光，起初，它们会发出微弱的红光，当继续加热时，它们会发出更强烈的光，发出的光的颜色逐渐由黄色变成白色。可以通过加热物体使其发光，这暗示了物体所发射的电磁辐射与温度的相关性。事实上，物体的发射辐射行为取决于它的温度以及物体的材料和表面属性，物体因其温度而发出的辐射称为热辐射。

辐射物理学中有一个理想化假设，想象一个既不反射入射光也不让入射光通过的物体，它吸收所有入射的电磁辐射，这样的物体称为黑体或理想辐射体，事实上黑体是不存在的，它只是一个有用的理论假设。在辐射物理学中，首先对理想黑体描述热辐射，然后从黑体辐射推导出真实物体的辐射，黑体是理想化的，现实中没有真正的黑体。太阳也不是黑体，不过太阳的辐射光谱和辐射强度与黑体的光谱和辐射强度相似。太阳光谱与黑体辐射在5777K的比较如图1-1-2所示。之所以选择这个温度是因为太阳的辐射等于黑体在5777K的辐射，太阳并不是一个确切的黑体，正如我们所看到的，太阳没有一个统一的温度，而是由不同的温度层组成的。太阳光谱的大部分在可见光范围内，波长下限为360～400nm，上限为760～830nm，较小的部分在紫外线和红外线范围内，波长低于400nm的辐射是紫外线辐射，波长在800nm以上的辐射是红外线辐射。

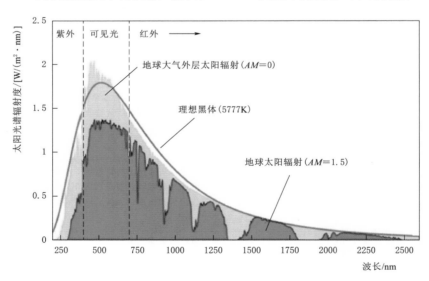

图1-1-2　太阳光谱与黑体辐射在5777K的比较

在图1-1-2中，地球大气外层太阳辐射（$AM=0$）和地球太阳辐射（$AM=1.5$）中的AM称为地球大气的光学质量（Air Mass），图中纵坐标为太阳光谱辐射度，单位为$W/(m^2 \cdot nm)$，表示太阳辐射到达地球表面上单位面积单位时间内的辐射能量。

三、太阳常数

1. 地球大气层外的太阳辐射

太阳位于太阳系的中心，以一年 365d 每天 24h 相对稳定的电磁辐射速度释放着能量，尽管太阳辐射到地球大气层的能量仅为其总辐射能量的 22 亿分之一，但已高达 173000TW，也就是说太阳每秒照射到地球上的能量就相当于燃烧 500 万 t 煤所释放出的能量。

然而，由于以下 3 个重要原因，太阳辐射到地球表面的并被利用的能量达不到 173000TW。

（1）地球远离太阳，因为太阳的能量扩散像一个灯泡一样，只有很小一部分的能量离开太阳表面到达地球。

（2）地球绕极轴自转，任何位于地球表面的接收设备每天只能在大约一半的时间内接收到太阳辐射能。

（3）最不可预测的因素是环绕地球表面的大气层的状况，在最好的情况下，地球的大气层会使太阳的能量再减少约 30%，天气状况可以连续许多天阻止太阳辐射到达地球表面，只有极少量的太阳辐射能够到达地球。

2. 太阳常数及其确定

地球大气层外边界的单位面积上的太阳辐射量称为太阳常数，它几乎是恒定的，需要注意的是我们说的不是地球表面的辐射强度，而是地球大气层外的辐射强度，在辐射到达地球表面之前，大气对辐射的影响将在后面章节中讨论。

太阳常数基本上取决于三个参数：太阳的温度（更准确地说就是释放出太阳大部分辐射的光球层的温度）、太阳的大小以及太阳和地球之间的距离。我们刚才提到太阳表面的温度可以考虑为 5777K。此外，我们知道太阳半径约为 $6.965 \times 10^8 \text{m}$，太阳与地球之间的平均距离约为 $1.496 \times 10^{11} \text{m}$。根据这 3 个参数，并把太阳看作一个黑体（太阳只是一个近似的黑体），可以计算出太阳的辐射发射功率约为 $3.85 \times 10^{26} \text{W}$。

有了这种能量，太阳就会向太空发射辐射，就像前面提到的那样，辐射能够到达太阳周围的任何一个星球，辐射不会在途中消失。因此，如果我们考虑地球轨道所在的围绕太阳的球体，就知道离开太阳的辐射有多少能到达了地球。取太阳总辐射功率除以半径并考虑的地球球面面积，可计算出地球球面的辐照度，即我们所需要知道的太阳常数，如图 1-1-3 所示，图中 I 为太阳表面的辐射出射度，I_0 为地球大气层外的太阳辐照度。

太阳辐照度中经常使用的一个概念是落在地球大气外的水平面太阳辐照度。假设地球大气层外有一个与下面的地球表面平行的平面，当这个面垂直于太阳射线时，落在它上面的太阳辐照度将达到最大值，如果表面不是垂直于太阳的，落在表面上的太阳辐照度将会减少，因为表面法线与来自太阳的中心射线之间存在夹角，如图 1-1-4 所示。从图 1-1-4 中可以看出，落在两个表面上的太阳能是相同的，但平面 A 的面积大于其投影，平面 A 单位面积的太阳能（即太阳辐照度）小于平面 B。

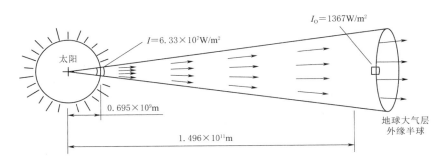

图 1-1-3　太阳常数的确定

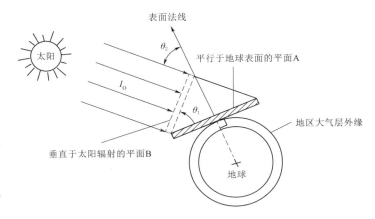

图 1-1-4　表面法线与太阳中心射线之间夹角示意图

上面讨论的太阳常数是入射到大气层表面上的每平方米的辐射功率，是与入射光线垂直的平面的辐射，但地球表面的辐照度将会不同，在任何情况下都不会达到这个值。计算出的值与太阳常数的实际值也不完全一致，把太阳理想化为黑体就意味着存在误差。此外，仅仅假设存在一个常数值是不正确的，原因是太阳和地球的距离不是恒定的，一年之中存在有规律的变化，还有长期的变化，因此太阳常数最多可以理解为某一时间段内的平均值，世界气象组织把平均值 1367W/m² 定为太阳常数。

四、太阳与地球之间的几何关系

太阳能光热系统利用的是太阳直接辐射，而且只能使用直接辐射，因为它有一个确定的方向，这是聚集辐射的必要条件。为了能够聚集太阳辐射，有必要了解光束辐射的方向，或者是知道太阳相对于地面观测者的位置。

1. 从日心说看的日地几何关系

太阳能光热系统需要非常准确地测定太阳的位置，太阳位置的精确计算很复杂，非常精确的算法，如 NREL 的算法，不仅考虑了太阳-地球的几何形状，而且还考虑了大气中的辐射折射。

从日心说看的日地几何关系如图 1-1-5 所示。

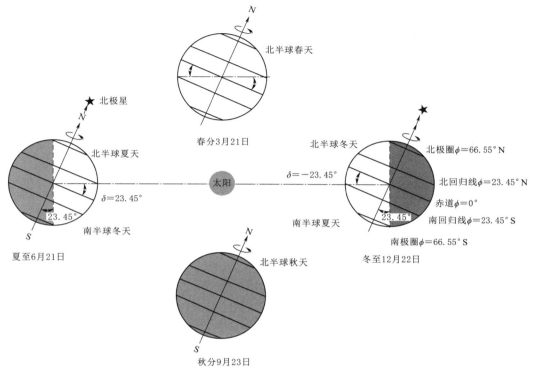

图 1-1-5　从日心说看的日地几何关系

地球一年绕太阳转一圈，一天绕自身地轴转一圈，地球绕太阳公转的平面称为黄道面，赤道面是包括地球赤道在内的垂直于地轴的平面，与黄道面呈倾斜约 23.5° 的关系，地轴与黄道面的法线也倾斜 23.5°。这种倾斜度引起两个半球辐照条件的每年周期性变化，这是季节存在的原因，春分和秋分时，太阳处于赤道平面，北半球和南半球的照射条件是相等的。夏至时北半球的辐射量最大，南半球的最小；冬至时南半球照射量最大，北半球的最小。

地球的绕太阳的运行轨道不是圆，而是有一个非常小的偏心的椭圆，太阳位于椭圆两个焦点中的一个，1 月初到达地球离太阳最近的点，7 月初到达地球离太阳最远的点。

2. 太阳高度角、天顶角和方位角

（1）太阳高度角 α 定义为来自太阳的中心射线与观测者水平面之间的夹角，如图 1-1-6 所示。作为另一种选择，太阳的高度可以用太阳天顶角 θ_z 来描述，它是太阳高度角的互补角，如图 1-1-6 所示。

（2）另一个确定太阳位置的角度是太阳方位角 A，它是在水平面上顺时针测量的角度，从指向北方的坐标轴到太阳中心射线的投影，如图 1-1-6 所示。

3. 太阳的位置和高度随季节的变化而变化

太阳的位置和高度随季节的变化而变化，如图 1-1-7 所示。

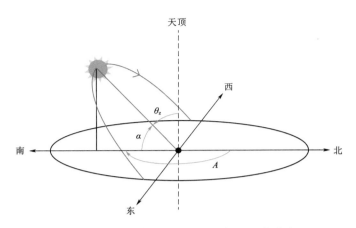

图 1-1-6 太阳高度角 α、天顶角 θ_z 和方位角 A

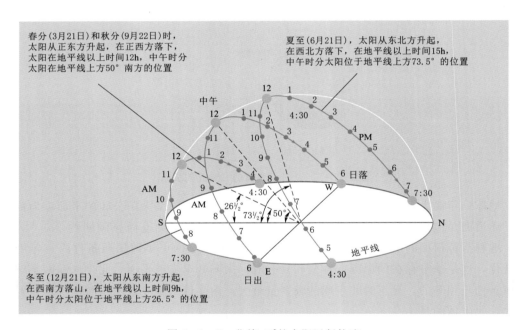

图 1-1-7 北纬 40°的太阳运行轨迹

五、太阳辐射在大气中衰减

(一) 地球大气对太阳辐射的削弱作用

地球被一层很厚的大气层包围着,大气对太阳辐射具有一定的削弱作用,主要包含吸收、散射和反射作用,使到达地面的辐射有明显削弱,特别是波长短的辐射,削弱作用显著。当可见光经过大气层时,波长较短的蓝色光等为大气分子所散射,水气、云和浮尘等可阻挡、反射和吸收一部分可见光,绝大部分可见光能够直接到达地面,空气分子和微尘将太阳辐射向四面八方散射开来,使一部分太阳辐射不能到达地面,从而削弱了太阳辐射。当太阳辐射穿过大气层时，会产生几种辐射的衰减效应，通常称为消光过程，如图 1-1-8 所示，一般有两类消光过程，即吸收和散射（反射是散射的特殊情况）。

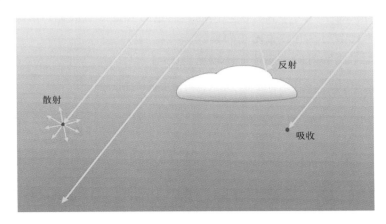

图 1-1-8　大气中的消光过程

1. 吸收

吸收是指辐射的能量被物质吸收，散射意味着辐射偏离了直线传播。大气吸收是一个辐射消光的过程，它大大减少到达地球表面的太阳辐射，大气的某些成分吸收一定光谱范围的辐射。高层大气中的臭氧（O_3）几乎完全吸收波长小于 290nm 的短波辐射，在波长 290nm 以上臭氧的吸收下降，直到 350nm 几乎没有吸收。水气对太阳光谱的红外部分吸收强烈，吸收波段分别为 $1\mu m$、$1.4\mu m$ 和 $1.8\mu m$，二氧化碳是红外辐射的另一种强吸收剂，由于 H_2O 和 CO_2 这两种气体的作用，波长在 $2.5\mu m$ 以上时，通过大气的辐射非常低。氧和氮吸收大波长范围的辐射。

2. 散射

散射是由于非均匀性物质（分子、尘埃粒子等）导致的辐射被迫偏离直线轨道的一个过程，在太阳辐射的情况下，有两种不同类型的散射：瑞利散射（Rayleigh-scattering）和米氏散射（Mie-scattering），至于会发生这两种散射的哪一种，取决于非均匀性的大小。

（1）瑞利散射是指粒子对电磁辐射的散射，粒子远小于辐射的波长，以光为例，波长在 380～780nm 之间，而这些粒子是独立的原子或分子。瑞利散射遵循一个定律，这意味着波长较小的光会比波长较长的光散射得更多，天空之所以是蓝色的，是因为蓝光的波长较短，比其他光谱范围的光散射得更多。此外，日出日落时太阳看起来时红色的，因为辐射通过大气路径更长，导致辐射中的大部分短波被散射掉，此时太阳的辐射中包含了大部分波长较长的光，如红色光。

（2）米氏散射是指直径与波长相同或更大的粒子对电磁辐射的散射，在大气中，水滴、冰晶和气溶胶粒子会引起米氏散射，其中气溶胶是指悬浮在气体介质中的固态或液态颗粒所组成的气态分散系统。米氏散射不像瑞利散射那样有类似明确的依赖性,它对波长的选择性更低。

此外,瑞利散射完全是大气光学质量(Air Mass)的函数,而米氏散射强烈地依赖于当地条件,特别是空气污染和云层,例如,白色的云是微小水滴的米氏散射结果。在散射方向上,米氏散射具有较强的正向模式。

瑞利散射与米氏散射的主要特征比较见表 1-1-3。

表 1-1-3　　　　　　　　　　瑞利散射与米氏散射的主要特征比较

散射类别	粒子尺寸	对波长的依赖程度
瑞利散射	粒子尺寸≪波长(空气分子)	严重依赖于波长
米氏散射	粒子尺寸≥波长(气溶胶)	对波长的依赖较弱

3. 漫射

漫射又称为漫反射,是指光线照射在物体粗糙的表面时,会发生无规则地向各个方向反射的现象。由于散射过程,太阳辐射部分以漫射的形式到达地球表面,并非所有的辐射都是直接辐射。散射并不能把辐射转换成其他形式的能量,相反,它减少了光束辐射。如果考虑仅使用直接辐射的太阳能光热系统,那么散射涉及可用辐射的损失。此外,入射的辐射会部分散射回太空,不会到达地球表面,因此地球表面的总辐照度会减少,大约有五分之一多的辐射被反射回太空。

(二) 到达地球表面的辐射

1. 大气的光学质量

大气的辐射消光效应取决于不同的条件,如气溶胶浓度、湿度,特别是云层,这些条件在一个给定的地方是可变的,它们只能通过测量来确定。还有另一个条件,不需要任何测量,只需知道地理位置和时间即可,太阳直接辐射通过大气传播,辐射衰减取决于路径的长短,通过大气的路径越长,其辐射衰减越强。太阳辐射从大气层顶端到地球表面上指定位置的路径长度,与位置的海拔和太阳天顶角有关,天顶角 θ_z 即该处地球曲面法线与该处和太阳连线之间的夹角,可以用以下的方式来具体化这种关系:如果天

顶角 $\theta_z = 0°$，即太阳在正上方，光束在到达地球表面之前，在地球大气层中经过的距离最小；相反，如果太阳接近地平线，穿过大气层的路径会很长，在这个基础上，就可以确定光束辐射到达地球表面所经过的大气质量的相对量度。

如果太阳在正上方，光穿过最小距离的大气层，如果考虑海平面上的某个位置，那么这个值确定为 1，所有值都与这个最小值相关，例如，如果天顶角是 60°，那么通过大气的路径长度将加倍，这个值为 2。虽然大气在不同的高度有不同的特性，例如在较高的位置其密度会降低，某些气体和气溶胶的浓度也随着海拔的变化而变化，然而，无论这些变化是什么，无论它们的具体影响是什么，这些影响将近似地与地球大气中的路径长度成比例。因此，应用简单的大气光学质量比例作为大气衰减效应的一种度量，可以认为是合理的，这个值称为相对大气光学质量，简称为大气光学质量，其计算公式为

$$AM = \frac{1}{\cos\theta_z} \qquad\qquad (1-1-1)$$

式（1-1-1）只是一种近似公式，因为该式将地球上面的大气视为相互平行的平面，但是地球的大气具有曲率，在天顶角 $\theta_z > 0°$ 时减少了真正的大气光学质量，天顶角很大时，曲率效应就变得重要。对于太阳能发电应用，近似值是足够的，如图 1-1-9 所示。

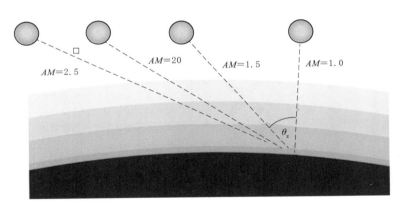

图 1-1-9 大气光学质量

2. 地球表面的辐射

能够到达地球表面可用于太阳能应用的太阳辐射，通常由直接法向辐照度（Direct Normal Irradiance，DNI）、散射水平辐照度（Diffuse Horizontal Irradiance，DHI）和总水平辐照度（Global Horizontal Irradiance，GHI）这三部分来描述：

（1）DNI。阳光从太阳盘面直接照射到与光路正交的表面，称作直接法向辐照度，简写为 DNI。

（2）DHI。在大气中散射的直接到达地面的阳光称为散射辐射。散射辐射的标准测量在水平面上进行，故称之为散射水平辐照度，或者简化为散射度，简写为 DHI。

（3）GHI。太阳的 DHI 和 DNI 到达水平表面称为总水平辐照度，通常简称为总辐

射度，简写为 GHI。

　　太阳辐射在地球表面综合了直接法向辐照度（DNI）和散射水平辐照度（DHI），两者在以下总辐照度（GHI）公式中联系在一起，即

$$GHI = DHI + DNI\cos\theta \tag{1-1-2}$$

式中　θ——太阳的天顶角。

　　到达地球太阳能辐照类型及其应用见表 1-1-4。

表 1-1-4　　　　　　　　　　到达地球太阳能辐照类型及其应用

序号	辐 照 类 型	描 述	应 用
1	GHI 	一个水平表面从上面接收到的总辐射量。这个值包括直接法向辐照度（DNI）和散射水平辐照度（DHI）	固定光伏（PV）
2	DNI 	直接法向辐照度是指每单位面积上被垂直（或法向）的表面所接收到的太阳辐射量，这条直线形成了太阳在天空中当前位置的方向	聚光光热（CSP）、聚光光伏（CPV）、固定光伏（PV）
3	DHI 	散射水平辐照度是指一个表面在单位面积上接收到的、不是直接从太阳到达的辐射量，而是被大气中的分子和粒子散射的、从各个方向平均到达的辐射量	固定光伏（PV）

3. 入射角和余弦效应

　　入射角被定义为辐射方向与被辐射平面法线之间的夹角，在垂直于辐射方向的平面

情况下，入射角为 0°，入射角和余弦效应如图 1-1-10 所示。

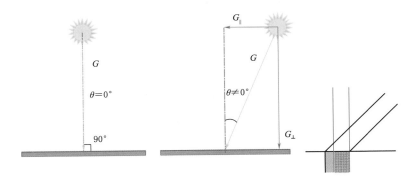

图 1-1-10　入射角和余弦效应

当太阳光线垂直于采光口径表面时，入射到该表面上的辐照度具有最高功率密度，当太阳与采光口径表面之间的角度发生变化时，表面上的光强度就会降低。当表面与太阳光线平行时（使垂直到表面的角度为 90°），光的强度降为 0，因为光线没有照射到表面，对于中间角度，相对的功率密度是 $\cos\theta$，其中 θ 是太阳辐射和表面法线之间的夹角。由于余弦效应，垂直于表面的分量为有效辐射，平行于表面的分量为无效辐射。

太阳入射角在一天里随着太阳的高度而变化，在一年里随着季节而变化，图 1-1-11 所示为北纬 37°的一年当中的入射角变化。

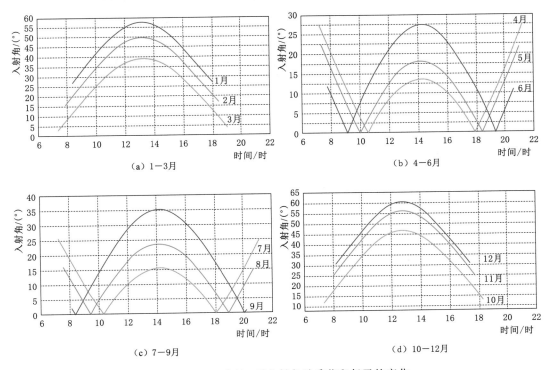

图 1-1-11　北纬 37°入射角随季节和每天的变化

图 1-1-12 显示了在不同入射角度下的辐照平面，平面被辐射部分的辐照度，即每平方米被辐射的功率，与被光束辐射的面积成反比，被辐射的面积取决于入射角 θ，如果法向直接辐射的辐照度为 G_{bn}，则在入射角 θ 下的倾斜平面的辐照度 G_{bt} 的为

$$G_{bt} = \cos\theta G_{bn} \tag{1-1-3}$$

由于入射辐射面的非法线方向入射，直接辐射的辐照度会降低，这种变化被称为余弦效应。在水平面的情况下，入射角等于太阳天顶角，这时的入射直接辐照度 G_b 为

$$G_b = \cos\theta_z G_{bn} \tag{1-1-4}$$

结合式（1-1-3）、式（1-1-4），可以将 G_{bt} 也表示为 G_b 的函数，即

$$G_{bt} = \frac{\cos\theta}{\cos\theta_z} G_b \tag{1-1-5}$$

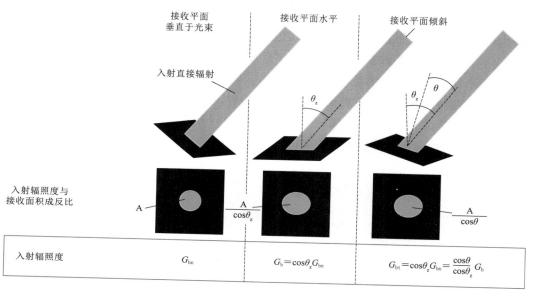

图 1-1-12　倾斜平面上的辐照度

θ—倾斜面入射角；θ_z—太阳天顶角；G_{bn}—法向直接入射辐照度；
G_b—水平面直接辐照度；G_{bt}—倾斜面直接辐照度

第二节　太阳能发电

一、太阳能发电分类

到目前为止，利用太阳能发电可分为两大类，一类是光伏发电，另一类是光热发电，如图 1-2-1 所示。

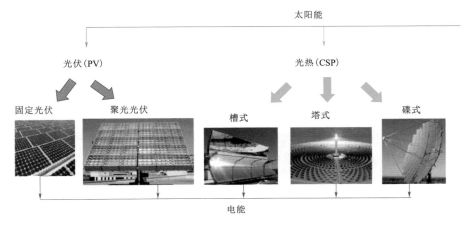

图 1 - 2 - 1 利用太阳能发电分类示意图

1. 光伏发电

光伏发电是一种直接将太阳能转换为电能的发电方法，即利用太阳能直接发电而无须通过热过程。直接将光能转变为电能的发电方式除了光伏发电以外，还有光化学发电、光感应发电和光生物发电。利用太阳能级半导体电子器件有效地吸收太阳光辐射能，并使之转变成电能的光伏发电，是一种直接发电方式，是当今太阳能发电的主要方式之一。光伏发电又可以分为固定光伏发电和聚光光伏发电两类。

2. 光热发电

将吸收的太阳辐射热能转换成电能的发电技术称为太阳能热发电技术，它包括两大类：一类是利用太阳热能直接发电，如半导体或金属材料的温差发电、真空器件中的热电子和热离子发电以及碱金属热电转换发电和磁流体发电等，这类发电的特点是发电装置本体没有活动部件，但目前此类发电量小，有的方法尚处于原理性试验阶段；另一类是将太阳热能通过热机带动发电机发电，其基本组成与常规发电设备类似，只不过其热能是从太阳能转换而来，按照从太阳能转换热能的方式可以分为槽式光热发电、塔式光热发电、菲涅尔光热发电和碟式光热发电四种类型。

二、太阳能光伏发电

1. 光生伏打效应

1839 年，法国物理学家 A. E. 贝克勒尔意外地发现：将两片金属浸入溶液构成的伏打电池，当受到阳光照射时会产生额外的伏打电动势。他把这种现象称为光生伏打效应（Photovoltaic Effect），简称光伏效应。1883 年，有人在半导体硒和金属接触处发现了固体光伏效应。以后，人们即把能够产生光生伏打效应的器件称为光伏器件。因为半导体 P - N 结器件在太阳光照射下的光电转化率最高，所以通常把这类光伏器件称为太阳能电池（Solar Cell）。1954 年，恰宾等在美国贝尔电话实验室第一次做出了光电转换效率为 6％的实用的单晶体硅太阳能电池，开创了太阳能电池研究的新纪元。

2. 光伏电池

光伏发电是利用半导体材料的光生伏特效应而将光能直接转变为电能的一种技术，其能量转换器是光伏电池。硅是制造光伏电池最广泛使用的半导体材料，硅原子有 4 个外层电子，如果在纯硅中掺入有五个外层电子的原子如磷原子，就成为 N 型半导体；若在纯硅中掺入有 3 个外层电子的原子如硼原子，形成 P 型半导体，当太阳光照射在光伏电池 P－N 结后，接触面就会形成电势差，电流便从 P 型一边流向 N 型一边，形成电流，将光能转换成电能，这就是光生伏打效应。若在两侧引出电极并接上负载，则负载就有"光生电流"流过，从而获得电功率输出，这样太阳的光能就直接变成了可以使用的电能，如图 1－2－2 所示。

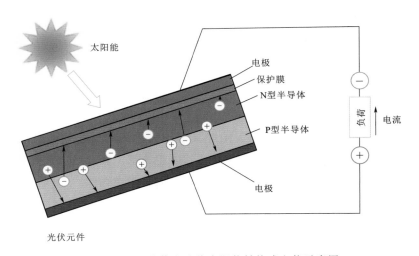

图 1－2－2　光伏电池将太阳能转换成电能示意图

光伏电池也称为太阳能电池，太阳能电池主要分为晶体硅电池和薄膜电池两类，前者包括单晶硅电池、多晶硅电池两种，后者主要包括非晶体硅太阳能电池、铜铟镓硒太阳能电池和碲化镉太阳能电池。

（1）单晶硅太阳能电池的光电转换效率为 15％左右，最高可达 23％，在太阳能电池中光电转换效率最高，但其制造成本高。单晶硅太阳能电池的使用寿命一般可达 15 年，最高可达 25 年。

（2）多晶硅太阳能电池的光电转换效率为 14％～16％，其制作成本低于单晶硅太阳能电池，因此得到快速发展，但多晶硅太阳能电池的使用寿命要比单晶硅太阳能电池要短。

（3）薄膜太阳能电池是采用硅、硫化镉、砷化镓等薄膜作为基体材料的太阳能电池。薄膜太阳能电池可以使用质轻、价低的基底材料（如玻璃、塑料、陶瓷等）来制造，形成可产生电压的薄膜厚度不到 $1\mu m$，便于运输和安装。然而，沉淀在异质基底上的薄膜会产生一些缺陷，因此现有的碲化镉和铜铟镓硒太阳能电池的规模化量产转换效率只有 12％～14％，而其理论上限可达 29％。如果在生产过程中能够减少碲化镉的缺陷，将会增加电池的寿命，并提高其转化效率。这就需要研究缺陷产生的原因，以及减少缺陷和控制质量的途径。太阳能电池界面也很关键，需要大量的研发投入。

3. 光伏发电系统及其优点

光伏发电系统主要由太阳能电池、蓄电池、控制器和逆变器组成，其中太阳能电池是光伏发电系统的关键部分，太阳能电池板的质量和成本将直接决定整个系统的质量和成本。太阳能光伏发电系统具有以下几个显著的优点：

（1）结构简单，体积小且轻。能独立供电的太阳能电池组件和方阵的结构都比较简单，输出 $45\sim50$W 的晶体硅太阳能电池组件，体积为 $450\text{mm}\times985\text{mm}\times4.5\text{mm}$，质量为 7kg。空间用太阳能电池尤其重视功率质量比，一般要求为 $60\sim100$W/kg。容量为 40kW 的薄膜太阳能电池可卷绕成高 40cm、ϕ60cm 的一个盘带，质量约为 8kg，而一台 40kW 的柴油发电机组质量约为 2000kg。

（2）易安装，易运输，建设周期短。只要用简单的支架把太阳能电池组件支撑，使之面向太阳，即可以发电，特别适宜于作为小功率移动电源。配备单轴或双轴自动跟踪的太阳能电池系统，架构相对要复杂一点，但安装、运输仍然比较容易。一个 6.5MW 的太阳能光伏发电站，占地 40hm^2，从平整地基开始，不足 10 个月即可运行发电。

（3）容易启动，维护简单，随时使用，保证供应。配备有蓄电池的太阳能发电系统，其输出电压和功率都比较稳定。在一套设计精良的太阳能光伏发电系统中，蓄电池往往处于浮充状态，无论白天、晚上都可以供电，其所消耗的电能由太阳能电池在晴天时自动补充，启动和维护都十分简单。一年中往往只需要在连续阴雨天最长的季节前后去检查太阳能电池组件表面是否被沾污、接线是否可靠、蓄电池电压是否正常等。大型光伏电站可用计算机控制运行。因此，太阳能光伏发电的运行费用很低。

（4）清洁、安全、无噪声。光伏发电本身并不消耗工质，不向外界排放废物，无转动部件，无噪声，是一种理想的清洁安全的能源。即使是蓄电池，在充放电时释放的 H_2、O_2 和酸雾的量也极微。如果配用全密封蓄电池，则更加理想。

（5）可靠性高，寿命长。航天和地面用的太阳能电池组件，都要通过严格高低温试验、振动冲击试验以及其他各种环境试验。晶体硅太阳能电池寿命可长达 $20\sim35$ 年。在光伏发电系统中，只要设计合理、选型适当，蓄电池的寿命也可长达 10 年。

（6）太阳能无处不有，应用范围广。中国广大地区平均每天在每平方米水平面上接收到的太阳辐射能在 $4\sim6$kW·h 之间。太阳能电池在 $-45\sim+60$℃范围内都能工作，不仅适宜于在边远地区作为独立的电源，尤其适合于制作太阳能屋顶和幕墙，建成生态能源房。

4. 太阳能光伏发电系统的缺点

太阳能光伏发电系统也存在一些缺点，具体如下：

（1）能量分散，占地面积大。地表上能够直接获得的太阳辐照度最大的地区之一是西藏高原，平均可达到约 1.2kW/m^2，而绝大多数地区能够获得的太阳能辐照度均不足 1kW/m^2，1MW 的光伏电站占地约需 1 万 m^2。有人计算过，需把美国道路面积全部覆盖上太阳能电池，才能满足美国的电力需求。

（2）间歇性大。除了昼夜这种周期变化外，太阳能光伏发电还常常受云层变化的影响。小功率光伏发电系统可用蓄电池补充，大功率光伏电站的控制运行比常规火电厂、水电站、核电厂还要复杂。

（3）地域性强。地理位置不同，气候不同，使各地区日照资源各异。因而功率相同的太阳能电池组件，在各地的实际发电量是不同的，故理想的光伏发电系统均要因地制宜地进行设计计算。

三、太阳能光热发电

1. 太阳能光热发电技术研究发展概况

产生利用太阳能动力的设想，至少可以追溯到 1774 年。当时，法国和英国科学家发现了氧，并开始实验在试管中将阳光聚集在氧化汞上，收集借助与太阳能产生的气体，在其中点燃蜡烛。同年，发表了使人印象深刻的研究报告。他们站在阳台上，利用大玻璃棱镜进行另一个聚焦太阳光的实验。约一个世纪后，1878 年，一个小的太阳能动力站在巴黎建立，该装置是一个小型点聚焦太阳能热动力系统，盘式抛物面反射镜将阳光聚焦到置于其焦点处的蒸汽锅炉，由此产生的蒸汽驱动一个很小的交互式蒸汽机运行。1901 年，美国工程师研制成功 7350W 的太阳能蒸汽机，采用 $70m^2$ 的太阳聚光集热器，该装置安装在美国加州做试验运行。1907—1913 年，美国工程师研制成由太阳能驱动的水泵。1913 年研制成 36.8kW 太阳能动力机，安装在埃及开罗附近，从尼罗河提水灌溉农田，这个装置采用长的槽形抛物面反射镜将阳光聚焦在中心管上，其聚光比为 4.5∶1。

随着石油和天然气的大量开采，油价下跌，在以后的很长一段时间内，人们对太阳能动力的兴趣受到了很大的限制。

1950 年，苏联设计了世界上第一座塔式太阳能热发电站的小型试验装置，对太阳能热发电技术进行了广泛的、基础性的探索和研究。

1973 年，爆发了世界性的石油危机，再一次点燃起人们对太阳能技术研究开发的兴趣。20 世纪 70 年代，太阳能电池的价格昂贵、效率较低，相对而言太阳能热发电的效率较高，技术上也比较成熟，因此在石油危机的刺激下，当时许多工业发达国家，都将太阳能热发电技术作为国家研究开发的重点。据不完全统计，1981—1991 年，全世界建造了装机容量 500kW 以上的各种不同形式的兆瓦级太阳能热发电实验电站 20 余座，其中主要形式是塔式电站，最大发电功率为 80MW。20 世纪 90 年代前世界上已建成的几座具有代表性的太阳能热发电站的概况见表 1 - 2 - 1。从表 1 - 2 - 1 中可以看到，当时人们对太阳能热发电技术最为关注的还是塔式太阳能热发电。

表 1 - 2 - 1　　世界上已建成的几座具有代表性的太阳能热发电站概况

电站名称	SOLAR ONE	SECS Ⅷ	THEMIS	EURELIOS	CESA - Ⅰ	SSPS - CRS	SSPS - DCS
电站形式	塔式	槽式	塔式	塔式	塔式	塔式	槽式
站址	美国加州	美国加州	法国南部	意大利西西里岛	西班牙南部	西班牙南部	西班牙南部
额定功率/MW	10	80	2.5	1	1	0.5	0.5

日照小时数/(h/年)	3500	3500	2400	3000	3000	3000	3000
聚光集热方式	外表受光型	真空集热管	空腔型	空腔型	空腔型	空腔型	真空集热管
定日镜数/台	39.9m²×1818	545m²×852	53.7m²×280	52m²×70、23m²×112	36~40m²×300	39.3m²×93	东西向80、南北向84
反射镜总面积/m²	72540	464340	10740	6216	11400	3655	5362
集热工质	水	联油醚	混合盐	水	水	钠	油
蓄热介质	石子+油	—	混合盐	混合盐	混合盐	钠	油
蓄热容量可供小时数/h	4	—	3.3	0.5	3	2	1.5
蒸汽轮机入口参数	510℃,104bar	371℃,100bar	430℃,41.5bar	510℃,66.9bar	520℃,101bar	500℃,105bar	285℃,25.3bar
工程开工日期	1979年3月	—	1979年9月	1979年9月	1979年10月	1980年1月	1980年1月
工程完成日期	1981年12月	—	1983年6月	1980年12月	1983年6月	1981年8月	1981年8月
电站并网日期	1982年4月	1989年	1983年6月	1981年4月	1983年6月	1981年8月	1981年8月
总投资/亿美元	1.4	2.12	0.236	0.25	0.179	0.17	0.127
投资比/(美元/kW)	14000	2650	9450	25000	17900	34000	25400

20 世纪 80 年代中期，人们在对当时已建成的太阳能热发电站进行了大量的实验研究和分析后，发表了很多技术性总结报告，得出的基本结论是：太阳能热发电在技术上虽然可行，但单位容量投资过大，且降低造价十分困难。因此，各国都相继改变了原来的发展计划，使太阳能热发电站的建设速度逐渐放缓。例如，美国原计划拟在 1983—1995 年间，分别建成 50～100MW 和 100～300MW 太阳能热发电站，结果都没有实现。

值得特别提出的是，20 世纪 80 年代初期，以色列和美国联合组建了 LUZ 太阳能热发电国际有限公司。从成立开始，该公司就一刻不停地集中力量研究开发槽式抛物面反射镜太阳能热发电系统。正当人们开始疑虑太阳能热发电前景的时候，该公司1985—1991 年，在美国加州沙漠相继建成了 9 座槽式太阳能热发电站，总装机容量353.8MW，并投入并网运行。经过努力，电站的初次投资由 1 号电站的 4490 美元/kW降到 8 号电站的 2650 美元/kW，发电成本从 24 美分/(kW·h) 降到8 美分/(kW·h)。

人们并未因此而完全中止对塔式太阳能热发电的研究开发。1980 年美国在加州建成的太阳Ⅰ号塔式太阳能热发电站，装机容量 10MW，经过一段时间的试验运行后，及时地进行了技术总结。在此基础上，又建成了太阳Ⅱ号，于 1996 年 1 月投入试验运行。

碟式太阳能热发电系统是世界上最早出现的太阳能动力系统。近年来，碟式太阳能热发电系统主要着眼于开发一种单位功率质量比更小的空间电源。例如，1983 年美国加州喷气推进实验室完成的碟式斯特林太阳能热发电系统，其聚光器直径为 11m，最大发电功率为 24.6kW，转换效率为 29%。1992 年，德国一家工程公司开发的一种碟式斯特林太阳能热发电系统的发电功率为 9kW，到 1995 年 3 月底，累计运行了 17000h，峰值净效率 20%，月净效率 16%，该公司计划用 100 台这样的发电系统组建一座 1MW 的碟式太阳能热发电示范电站。

太阳池太阳能热发电最早是在以色列进行研究开发的。20 世纪 70 年代，以色列在死海沿岸先后建造了 3 座太阳池太阳能热发电站，以提供其全国 1/3 用电量的需求。美国也曾计划将加州南部萨尔顿海的一部分建成太阳池，用以建造 800～6000MW 太阳池太阳能热发电站。但后来，以色列和美国均对其太阳池热发电计划做了改变。

1983 年，西班牙建成了一座太阳热气流太阳能热发电站，发电功率 15kW，用于进行探索性试验研究。

除了以上介绍的几种太阳能热发电方式外。以色列和美国还曾计划建造太阳能磁流体热发电装置。此外，还有一些国家开展了太阳能海水温差发电、太阳能热离子发电等研究。

随着太阳能利用技术的迅速发展，从 20 世纪 70 年代中期开始，中国一些高等院校和中国科学院电工研究所等单位和机构，也对太阳能热发电技术做了不少应用性基础试验研究，并在天津建造了一套功率为 1kW 的塔式太阳能热发电模拟试验装置，在上海建造了一套功率为 1kW 的平板式低沸点工质太阳能热发电模拟试验装置。在北京，中国科学院电工所对槽式抛物面反射镜太阳能热发电用的槽型抛物面聚光集热器也做过不少单元性试验研究。此外，中国工厂还与美国公司合作，设计并研制成功率为 5kW 的碟式太阳能热发电装置样机。

2. 光热发电的形式

通过水或其他工质和装置将太阳辐射能转换为电能的发电方式，称为太阳能热发电。其转换过程是先将太阳能转化为热能，通过热机（如汽轮机）带动发电机发电，与常规火力发电厂类似，只不过是其热能不是来自煤、油、天然气等地下燃料，而是来自天上的太阳。利用大规模阵列反射镜聚集太阳辐射，提高太阳辐射的能量密度，由集热器接收汇聚的辐射加热介质，可直接通过热介质发电或通过换热装置提供蒸汽，蒸汽驱动汽轮机发电。太阳能光热发电主要形式有槽式、塔式，线性菲涅尔式和碟式/斯特林 4 种形式。

3. 聚光太阳能技术

进行太阳能光热发电时，首先是要采用聚光太阳能（Concentrating Solar Power，CSP）技术，即使用反射镜将太阳辐射聚集到接收装置上，并将其转化为热量，这些热量用来产生蒸汽以驱动汽轮机发电，或者用作其他工业过程。聚光式太阳能发电厂可以配置热能储存系统，用于在阴天期间、日落后数小时或日出前发电，这种储存太阳能的能力使聚光太阳能成为一种灵活和可调度的可再生能源。

太阳能光热发电还可以与联合循环发电厂结合，形成混合互补发电厂，以提供高质量的可调度电力，还可以集成到现有的使用化石燃料的电厂（如煤炭发电厂、天然气发电厂、生物燃料发电厂或地热发电厂）中，在太阳辐射较低的时段，太阳能光热电站也可以使用化石燃料来补充电力的输出。按反射镜的排列方式和聚焦方式的不同可以形成不同的太阳能光热发电形式，见表 1-2-2。

表 1-2-2　　　　　　　　　　　　　　太阳能光热发电形式

集热管形式		聚焦方式	
		线聚焦	点聚焦
固定式	集热管独立于反射镜而固定不动,更容易输送传热流体	**线性菲涅尔技术** 集热器单轴跟踪太阳,将太阳辐射聚焦在线性集热管上,跟踪简单。线性菲涅尔集热器(Linear Fresnel Collector,LFC)类似于抛物线槽集热器,但使用了一系列长平面或略微弯曲的反射镜,以不同的角度放置在固定接收器的两侧(位于主反射镜场上方几米)集中太阳光。每一行反射镜都配备了单轴跟踪系统,并单独优化,以确保阳光总是聚集在固定的集热管上。与抛物线槽式集热器不同,菲涅耳集热器的焦线会因散光而畸变,这需要在集热管的上方安装一个二次反射镜来重新聚焦,或者由几个平行的集热管形成一个多管接收器,这个接收器有足够的宽度,在没有二次反射的情况下拦截绝大部分聚焦的辐射 集热管及二次反射聚光 图1　线性菲涅尔技术原理结构图 图2　线性菲涅尔技术现场实物照片	**塔式技术** 集热器双轴跟踪太阳,将太阳辐射聚焦在集中接收装置上,温度更高。太阳能塔式技术利用安装在地面上的反射镜,将太阳直接辐射反射到安装在中央接收塔高处的接收装置上,中央接收装置拦截反射辐射并转化为热能。镜场由大量计算机控制的反射镜组成,这些镜子被称为定日镜。定日镜以两个轴跟踪太阳,塔比抛物线槽式和线性菲涅尔式能获得更高的温度,因为更多的太阳辐射集中在一个接收装置上,热损失可以被最小化。 目前的塔式使用水/蒸汽、空气或熔盐作为传热流体,将热能输送到热交换器/汽轮机系统,根据接收装置的设计和工作流体的不同,电厂的最高工作温度可以从250℃到1000℃,目前的熔盐设计的标准温度为600℃左右。典型的塔式光热电站的规模在10~50MW之间,所需的太阳能镜场的大小随所需发电量的增加而增加。这将使接收装置与镜场的外缘定日镜之间的距离增大,导致由于大气的吸收而增加光学损失。反射镜的一些缺陷和轻微的跟踪误差也会导致一些不可避免的反射镜角向偏差 图3　塔式技术原理结构图 图4　塔式技术现场实物照片

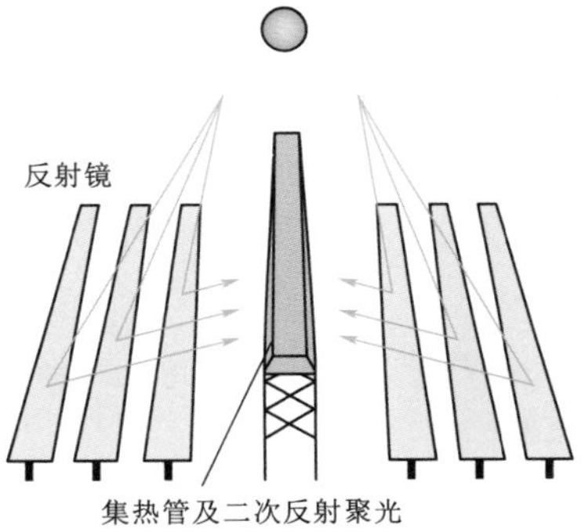

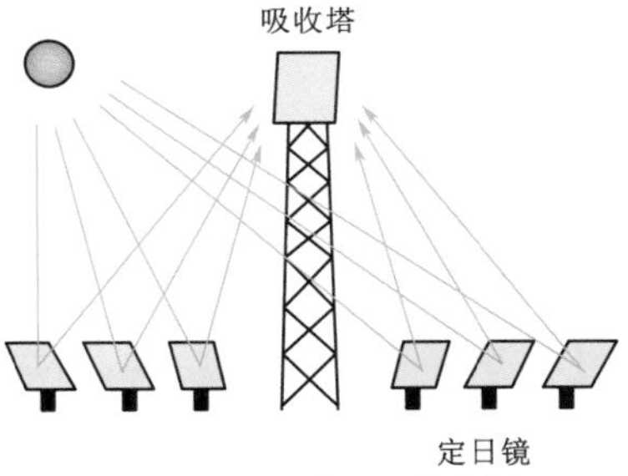

集热管形式		聚 焦 方 式	
		线 聚 焦	点 聚 焦
移动式	集热管与反射镜一起运动，收集的能量更多	抛物线槽式技术	抛物线碟式斯特林技术
		抛物线有一个焦点，抛物线纵向延伸形成的面称为二维抛物面，它能将平行于自身轴线的太阳辐射聚焦由焦点连成的焦线上。由抛物线镜面和其支撑结构组成最小聚光单元称为集热器模块单元，一般由 8～12 个集热器模块单元连接组成集热器组件总成，数个集热器组件总成构成回路。在前述集热器的焦线上布置有集热管，流经集热管内部的传热流体（Heat Transfer Fluid, HTF）将太阳辐射能转换成热能，然后将热能用于产生蒸汽，蒸汽驱动传统的汽轮机产生电力，或者直接利用产生的蒸汽发电。典型槽式光热电厂的太阳能镜场包含数百个互相平行的抛物线槽，这些槽被连接成一系列的回路，它们被布置成南北方向，这样抛物线集热器可以从东到西跟踪太阳。集热器可以长 100m 或更长，弯曲成抛物线形状的采光孔径宽度为 5～6m 甚至更大，单轴跟踪装置用来使收集器和集热管时刻朝向太阳。迄今为止的槽式太阳能热发电厂都是使用合成油作为传热流体，其工作温度不高于 400℃。目前正在进行将熔盐作为传热流体的试验研究，高温熔融盐可显著提高热性能	碟式斯特林系统由抛物面碟形集热器（像卫星接收器）组成，反射太阳的直接辐射到位于碟形焦点的接收器上，接收器是集热腔和斯特林发动机。碟式斯特林系统要求在两个轴上追踪太阳，高能量集中可以产生非常高的温度，碟式/斯特林系统还没有大规模地应用

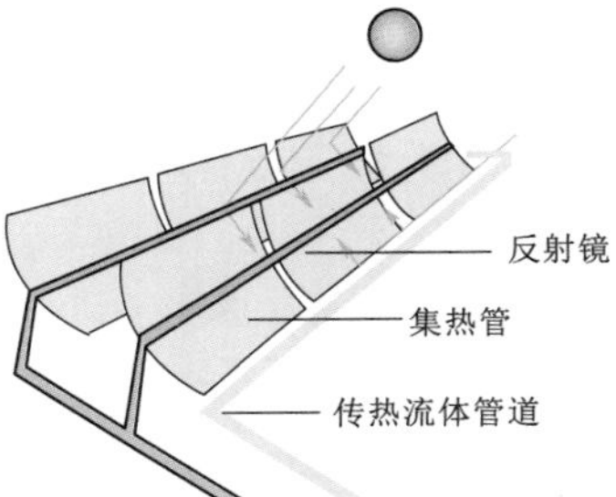

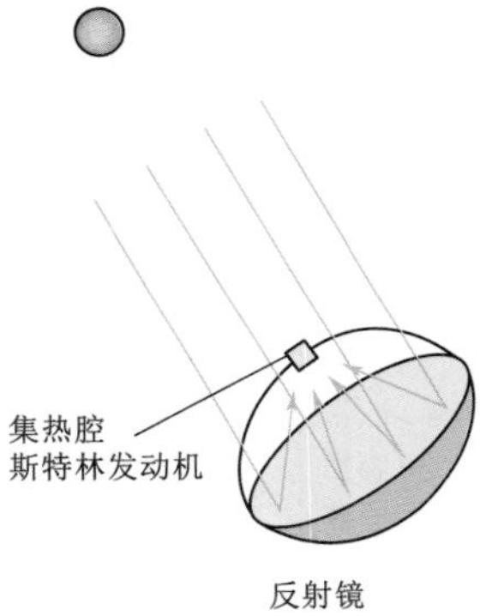

图 5　抛物线槽式集热器原理结构图

图 6　抛物线槽式集热器现场实物照片

图 7　抛物线碟式斯特林集热器
原理结构图

图 8　抛物线碟式斯特林集热器现场
实物照片

4.线性菲涅尔系统与抛物线槽式系统相比主要优点

（1）可以使用价格更低的平板玻璃镜子，这是一种标准的批量生产的商品。

（2）由于金属支撑结构更轻，轻型钢结构需要更少的钢材和混凝土，这也使装配过程更容易。

（3）作用在结构上的风荷载更小，从而使结构稳定性更好，光学损失更少，镜子玻璃破损更少。

（4）考虑到集热管是槽式和菲涅尔式中最昂贵的组件，菲涅尔式系统中每个集热管配置的镜面面积比槽式大。

这些优点需要与菲涅尔式光学效率比槽式的光学效率要低这一事实进行权衡，菲涅尔式存在的问题是集热管是固定的，在上午和下午的余弦损失比槽式要高，尽管有这些缺点，菲涅尔系统的相对简单意味着它可能比槽式系统的生产和安装的成本更低。

5.塔式技术的主要优点

塔式技术可以使用合成油或熔盐作为传热流体和储热介质进行储热，合成油将运行温度限制在390℃左右，限制了蒸汽循环的效率；熔盐则可以将运行温度提高到550～650℃，足以实现更高效率的超临界蒸汽循环。另一种选择是直接蒸汽产生（DSG）技术发电，它消除了传热流体的需要和成本，但仍处于开发的早期阶段，使用DSG的储能技术需要证明和完善。塔式技术有许多潜在的优势，这意味着它们可能很快成为首选的CSP技术，主要优点如下：

（1）温度越高，蒸汽循环的效率就越高，冷凝器的耗水量也就越少。

（2）温度越高，为了实现可调度发电，热能存储的使用也就越有优势。

（3）更高的温度也会使储能系统的温差更大，从而降低成本或允许在相同的成本下使用更大的储能空间。

（4）关键的优势是有机会利用热能储存来提高容量系数，允许采取灵活的发电策略来最大化所产生的电力，并实现更高的效率。由于这一优势和其他优势，在降低成本并获得运营经验的前提下，塔式技术在未来会超过槽式系统的市场份额。

6.碟式斯特林系统技术的主要优点

碟式斯特林系统技术的主要优点如下：

（1）发电机典型布置在每个碟式集热器的聚光焦点位置，这有助于减少热能损失，也意味着单个系统的发电能力小，一般为5～50kW，适合于分布式发电。

（2）能够实现几种类型的光热系统的最高效率。

（3）采用干式冷却，不需要大型冷却系统或冷却塔，适合在缺水地区提供电力。

（4）占地和支撑结构是独立的，可以安装在斜坡或不平坦的地面。

7.光热发电的优点

（1）电能质量优良，可直接无障碍并网。太阳能光热发电与常规化石能源在热力发电上原理相同，都是通过Rankine循环、Brayton循环或Stirling循环将热能转换为电能，直接输出交流电，不必像光伏或风电那样还需要逆变器转换，电量传输技术相对较为成熟，稳定性高，因此更方便与目前国内的电网对接，且电力品质很好。

（2）可储能，可调峰，实现连续发电。电网的负荷曲线形状在白天与太阳能发电自然曲线相似，上午负荷随时间上升，下午随时间下降，因此太阳能光热发电是天然的电网调峰负荷，可根据电网白天和晚上的最大负荷差确定负荷比例，一般可占 $10\%\sim20\%$ 的比例。

受益于热能的易储存性，所有太阳能光热电厂都有一定程度的调峰、调度能力，即通过热的转换实现发电的缓冲和平滑，并可应对太阳能短暂的不稳定状况。

储能是可再生能源发展的一大瓶颈，实践证明储热的效率和经济性显著优于储电和抽水蓄能。配备专门蓄热装置的太阳能光热电厂，不仅在启动时和少云到多云状态时可以补充能量，保证机组的稳定运行，甚至可以实现日落后 24h 不间断发电，同时可根据负载、电网需求进行电力调峰、调度。

（3）规模效应下成本优势突出。因热电转换环节与火电相同，太阳能光热发电也与火电同样具备显著的规模效应，优于风电和光伏等。随着技术进步和产业规模扩大，太阳能光热发电的成本将很快接近甚至低于传统化石能源发电成本。

（4）清洁无污染。尽管太阳能光伏是清洁发电，但硅片生产环节却存在高耗能和高污染，而太阳能光热发电不需要提炼重金属、稀有金属和硅等，生产与发电环节均无污染，是真正的清洁能源。

8．光热发电的缺点

（1）依赖于充足的直接阳光（与所有太阳能发电一样）。

（2）具有典型的高建设成本和安装成本。

（3）安装需要相当多的可用土地（通常是相当偏远的土地），因此是否有合适的地点是一个主要因素。

（4）光热发电仍然被认为是昂贵和复杂的。然而，它也被认为具有强大的潜力，可以作为在公用事业规模上提供清洁能源的可行手段，在适当的条件下可以与煤炭或核能竞争。此外，在热能储存方面的持续改进可能是光热发电成为大规模太阳能长期来源的关键。

四、光伏发电与光热发电的比较

1．电力品质

太阳能光热发电与常规化石能源在热力发电上原理相同，直接输出交流电，对电网非常友好，配备蓄热装置的太阳能光热电站，即通过热的转换实现发电的缓冲和平滑，并可应对太阳能短暂的不稳定状况，电量传输技术相对较为成熟，稳定性高，因此更方便与电网对接，且电力品质很好。实践证明，储热的效率和经济性显著优于储电和抽水蓄能。配备蓄热装置的太阳能光热电站，可利用化石燃料补燃或与常规火电联合运行，不仅在启动时和少云到多云状态时可以补充能量，保证机组的稳定运行，同时可根据负载、电网需求进行电力调峰、调度。使其可以在晚上或连续阴天时持续 24h 不间断发电，甚至可以以稳定出力承担基荷运行，从而使年发电利用达到 7000h 左右。

而光伏发电受日光照射强度影响较大，上网后给电网带来较大压力，其发电形式独特，和传统电厂合并难度大，存在难以解决的入网调峰问题；过度依赖于阳光，无法产生恒定的平滑的电力输出，尤其是在阴天。此外，当太阳下山时，电力需求会上升到一个较高的水平，而光伏发电逐渐停止，导致了所谓的"鸭子曲线"现象。

在典型的工作日中，电力负荷遵循一定的规律：在经历了夜间的平稳之后，电力需求在早上 5 时到 9 时之间急剧上升，随后的电力需求往往保持得很稳定，直到下午晚些时候或傍晚的早些时候，这时家用照明、空调与工作日的最后几个小时的用电重叠，到了晚上 9 时左右，随着商店关门，早起的人们早早上床睡觉，负荷才开始下降。

传统用电负荷的上升和下降，是通过燃煤电厂或核电站的基本负荷发电和灵活的调峰电厂或水力发电厂的可调度电力的组合来满足的，但风能和太阳能光伏在能源结构中的加入，改变了这一格局。例如，风通常在电力需求最低的午夜吹得最稳定，在拥有大量风电场的地区，风能有时会超过总需求。太阳能光伏比风能更容易预测，在阳光良好的天气里，太阳能发电在早上开始逐渐增加，在中午达到峰值，一直持续到下午 3 时左右，在日落前的最后几个小时逐渐减弱，但是太阳能光伏的电力供应的逐渐下降与傍晚前的负荷需求急剧增加相对应，这意味着总的电力需求与太阳能提供的电力之间的差额快速地变化，必须快速增加燃煤电厂或核电站等的基本负荷发电能力。

早在 2008 年，美国国家可再生能源实验室的研究人员绘制了随着越来越多的太阳能进入电网而产生的上述差额的负荷曲线，这条曲线形似一只鸭子，因此被称为"鸭子曲线"，如图 1-2-3 所示。图 1-2-3 中净负荷指的是总的电力需求与太阳能光伏发电提供的电力之间的差值。

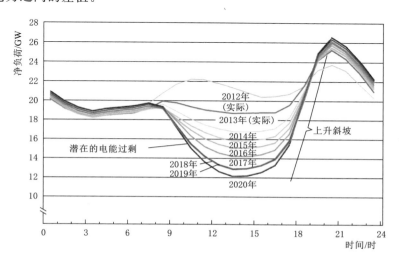

图 1-2-3 太阳能进入电网而产生的差额负荷曲线——"鸭子曲线"

与煤、核能和天然气等常规发电不同，太阳能光伏发电是不可调度的，它取决于天气、季节和时间，太阳能光伏发电越多，对常规电厂的需求就越低。早上，随着更多的太阳能光伏上网，常规电厂的发电量就减少，形成鸭尾巴。当中午太阳最强的时候形成鸭的腹部，在傍晚时分，随着太阳能发电量的下降和整体电力需求的增加形成了鸭脖子。当夜晚人们睡觉时电力需求下降，形成了鸭头。随着太阳能光伏发电份额的增加，鸭子的肚子会越来越大，脖子越来越长。

"鸭子曲线"使电网调度很麻烦，基本负荷发电厂（如煤和核电站）的建设是为了持续运行，如果因为鸭子的存在，在中午关闭这些基本负荷电厂，然后晚上再想满负荷地运行是困难和昂贵的。电网管理者通常依赖天然气作为调峰负荷电厂来应对这种需求负荷的变化，然而许多天然气厂只用在调节负荷运行，在经济上对发电商和消费者都是低效的。此外，"鸭子曲线"的大幅波动会损害电网的基础设施。解决方案是削减太阳能光伏，限制其进入电网的发电量，但这又会导致大量的可再生能源能量浪费。

2. 投资成本

光热发电投资成本远高于光伏电站，光热电站对规模的敏感度较高，只有在规模足够大的前提下，才能有效实现经济效益。同时，其整体投资门槛较高，正是由于光热电站的投资大、风险高，即使达到平价上网水平，与光伏电站相比，其投资者还是非常少，这在客观上也会相应延缓其成本下降。

同时光伏发电显示了许多优点，如系统非常简单，半导体可以通过光电效应产生直流电流，不需要复杂的设备，无论是安装还是操作和维护都很简单。

3. 建设条件

光热电厂对建设条件要求较高，光伏电站的安装弹性则相对较大，太阳能光热发电主要安装在太阳能直接辐照度（DNI）较好的地方，沙漠地区是最好的选择。但这些地方往往较为偏远，电力需求较弱，需要为其建设输电通道将电力送出，这增加了成本，并且也只能享受发电侧电价。同时，由于光热电厂属于跟踪系统，对当地气候条件要求也比较高。

光伏电站则可同时利用直射光和散射光，安装区域选择较大，如可安装在负荷中心、屋顶或工业厂房上，享受用户侧电价，因此相对于光热电站，它以发电侧电价会更具竞争力。

4. 环境保护

光热电站需要大量的土地和水，对环保的要求也较高，几乎是光伏电站的两倍，并且要求土地十分平坦。在用水方面，虽然光伏和光热都需要水对组件或镜面清洗，但光热电站还需要额外的水用于冷却。然而光热发电是清洁生产过程，基本上采用物理手段进行光电能量转换，对环境危害极小，太阳能光热发电站全生命周期的 CO_2 排放很少，而光伏发电技术存在致命弱点，是太阳能光伏板在生产过程中对环境的污染较大，是高能耗、高污染的生产流程。

5. 技术成熟程度

常规的光伏发电技术已经发展稳定，技术相对成熟，而光热发电，虽然已经有几十年的发展历史，但是依然处于技术不断地创新与改进的阶段。

6. 相关产业链

（1）光伏产业链包括硅矿生产、提纯、切片、产品制造，相关产业链专业、单一。

（2）光热产业链包括钢铁、玻璃、水泥等，涉及多个行业，类似房地产，相关产业链长，非常丰富。

第二章

抛物线槽式光热发电技术

第一节　光热发电技术

一、太阳能光热发电的意义

近年来，太阳能光热发电在欧美地区快速发展。目前，面向承担基础电力负荷的"大容量、高参数、长周期储热"是国际太阳能光热发电的技术发展趋势。2015 年，全球光热发电建成装机容量达到约 4940.1MW，比 2014 年增长 421.1MW，增幅为 9.3%。目前，太阳能光热发电的年平均效率超过 12%，成本价格在 0.2 欧元/(kW·h)，未来有望降低到 0.05 欧元/(kW·h)。

国际能源署发布的《能源技术展望 2010》报告指出，到 2050 年，太阳能光热发电装机容量将达到 10.89 亿 kW，产生电力占总发电量的 11.3%。因此太阳能光热发电绝对称得上是朝阳产业，有非常广阔的发展空间。

21 世纪，全人类都面临着同样的能源问题。一方面，经济、社会的可持续发展与环境可承载能力之间存在巨大矛盾，经济、社会的发展离不开能源，而燃烧常规化石燃料会产生大量的二氧化碳，二氧化碳是主要的温室气体类型。观测资料表明，在过去的 100 年里，全球平均气温上升了 0.3～0.6℃，全球海平面平均上升了 10～25cm，这就是温室效应。目前，经济和社会正在迅速发展，但环境的可承载力已接近极限。另一方面，常规能源的日趋匮乏与能源需求的急剧增加是当今社会亟须解决的主要矛盾。据《2013—2020 年中国煤炭行业市场研究与投资前景评估报告》显示，2012 年年底，世界石油可采储量为 16689 亿桶，储采比为 52.9；天然气为 187.3 万亿 m^3，储采比为 55.7；煤炭为 8609 亿 t，储采比为 109。从煤炭、石油、天然气储量情况看，煤炭储量最为丰富，储采比最长，石油、天然气储采比相当，均为 50 多年。当面临全球污染严重、常规能源近乎枯竭又急需大量能源的双重矛盾时，全人类达成了共识，即依靠科技进步，大规模地开发利用太阳能、风能、生物质能等可再生清洁能源。

我国正处于经济高速发展时期，能源的消耗量还要大大增加。但我国的能源储量并不容乐观，根据 2012 年的统计数据，煤炭储量为 1145 亿 t，占世界储量的 13.3%；石油储量为 173 亿桶，仅占世界储量的 1%；天然气储量为 3.1 万亿 m^3，仅占世界储量的 1.7%。人均能源可开采储量更是远低于世界平均水平。而且由于历史原因，我国的能源有效利用率非常低。从开采到利用，几乎都还停留在粗放型生产模式，这对环境造成的污染非常严重。我国是全球第二大二氧化碳排放国，也是第一大煤炭消费国，是世界上少有的几个能源结构以煤炭为主的国家。

我国的太阳能资源非常丰富，不仅拥有世界上太阳能资源最丰富的地区之一——西藏地区，而且陆地面积每年接受的太阳总辐射能相当于 $2.4×10^4$ 亿 t 标准煤，约等于数万个三峡工程发电量的总和。如果将这些太阳能有效利用，对于缓解我国的能源问题、减少二氧化碳的排放量、保护生态环境、确保经济发展过程中的能源持续稳定供应等都将具有重大而深远的意义。

"八五"以来，科技部就关键部件在技术研发方面给予了持续支持，"十一五"期间启动了1MW塔式太阳能光热发电技术研究及系统示范。目前，大规模发电技术已有所突破，大部分关键器件已产业化。

太阳能发电已成为我国能源战略调整的重要方向，国家相继颁布了促进太阳能发电产业快速发展的若干文件和政策。

（1）2005年2月，我国出台了《中华人民共和国可再生能源法》，国家将可再生能源的开发利用列为能源发展的优先领域，通过鼓励利用可再生能源改善中国目前的能源结构，通过制定可再生能源开发利用总量目标和采取相应措施推动可再生能源市场的建立和发展。该法2006年起开始实施。

（2）2006年2月，国务院发布《国家中长期科学和技术发展规划纲要（2006—2020）》，太阳能光热发电技术作为纲要中明确的重要内容，是我国太阳能利用及产业发展的重要方向之一。太阳能光热发电技术作为优先发展方向，若干项目相继获得国家项目资金支持，如2006年"太阳能光热发电技术及系统示范"列入国家863重点项目；2009年"高效规模化太阳能热发电的基础研究"获得国家科学技术部973项目立项。

（3）2011年6月，《产业结构调整指导目录（2011年本）》开始正式施行。在指导目录鼓励类新增的新能源门类中，太阳能光热发电被放在突出位置。

（4）2012年5月，国家科学技术部发布《太阳能发电科技发展"十二五"专项规划》，明确将光热发电作为我国"十二五"太阳能发电科技的重点规划内容之一。

（5）2012年9月，国家能源局印发《太阳能发电"十二五"规划》，明确太阳能发电的发展目标、开发利用布局和建设重点。按照规划，到2015年年底，太阳能发电装机容量达到2100万kW以上，年发电量250亿kW·h。该规划还要求，在"十二五"发展的基础上，继续推进太阳能发电产业规模化发展，到2020年太阳能发电总装机容量达到5000万kW，使我国太阳能发电产业达到国际先进水平。

（6）2013年2月，国家发展和改革委员会同国务院有关部门对《产业结构调整指导目录（2011年本）》有关条目进行了调整，形成了《产业结构调整指导目录（2011年本）》（修正版）。在第一类鼓励类的新能源领域中，太阳能热发电集热系统、太阳能光伏发电系统集成技术开发应用、逆变控制系统开发制造被列在第一条。

（7）2016年9月，国家能源局正式发布《关于建设太阳能热发电示范项目的通知》，共20个项目入选中国首批光热发电示范项目名单，总装机约1.35GW，包括9个塔式电站、7个槽式电站和4个菲涅尔电站。国家发展和改革委员会核定我国的太阳能热发电标杆上网电价为1.15元/（kW·h）。

二、太阳能光热发电技术简介

太阳能光热发电技术主要包括碟式太阳能光热发电、塔式太阳能光热发电、槽式太阳能光热发电、太阳能热气流发电、太阳池热发电等形式。符合"大容量，高参数，长周期储热"国际太阳能热发电技术发展趋势的是前3种，而槽式太阳能热发电是世界上迄今为止商业化最成功的太阳能热发电系统。

槽式太阳能光热发电技术将由抛物线槽式聚光镜、集热管等构成的大量槽式太阳能聚光集热器（槽式集热器）布置在场地上，再将这些槽式集热器加以串并联。抛物线槽式聚光镜采用单轴跟踪方式追踪太阳运动轨迹，将入射的直射太阳辐射聚焦到位于抛物线焦线的集热管上，集热管中的传热工质被加热到400℃左右的高温，进入蒸汽发生装置放热以产生高温高压蒸汽，高温高压蒸汽推动汽轮发电机组发电。传热介质放热完毕后再次进入槽式聚光器阵列开始下一个循环；而通过汽轮机做功后的乏汽冷凝后经过循环泵返回蒸汽发生装置，吸热后再次进入汽轮机做功。这样周而复始的循环，太阳能就被源源不断地转化成电能。但是在太阳能直射辐射不好的天气或没有太阳的夜里，要想实现槽式太阳能热发电系统不间断供电，就必须采用蓄热系统或者常规能源系统加以能源补给。另外，蓄热系统或者常规能源系统还能使整个系统的运行更加稳定、安全可靠，大大减少了因突然云遮等原因蒸汽品质恶化给汽轮机带来的冲击。

槽式热发电系统结构简单、成本较低、土地利用率高、安装维护方便，导热油工质的槽式太阳能热发电技术已经相当成熟。由于槽式系统可将多个槽式集热器串联、并联排列组合，因此可以构成较大容量的热发电系统，但也正是因为其热传递回路很长，因此传热工质的温度难以再提高，系统综合效率较低。

集热管里的工质通常是导热油，但随着科学技术的发展，工质可以扩展到熔融盐、水、空气等物质。目前，实际应用的工质主要有两种，即导热油和水。槽式太阳能热发电技术按其工质不同，分为导热油槽式太阳能热发电系统（通常简称为导热油槽式系统）和槽式太阳能直接蒸汽发电（Direct Steam Generation，DSG）系统（通常简称为槽式DSG系统）。

（一）导热油槽式系统

传统槽式太阳能光热发电系统的工质为导热油，导热油工质被加热后，流经换热器加热水产生过热蒸汽，借助于蒸汽动力循环推动常规汽轮发电机组来发电。作为太阳能量不足时的备用，系统通常配有一个辅助燃烧炉，辅助燃烧炉燃料通常用天然气或燃油。导热油槽式系统工作原理如图2-1-1所示，其主要由聚光集热子系统、换热子系统、发电子系统、蓄热子系统、辅助能源子系统构成。

1. 聚光集热子系统

聚光集热子系统是系统的核心，导热油槽式系统的聚光集热装置是众多分散布置的槽式集热器。槽式集热器的结构主要由抛物线槽式聚光镜、集热管和跟踪装置三部分组成。抛物线槽式聚光镜由很多抛物面反射镜单元组构成。反射镜采用低铁玻璃制作，背面镀银，镀银表面涂有金属漆保护层。抛物线槽式聚光镜为线聚焦装置，阳光经镜面反射后，聚焦为一条线，集热管就放置在这条焦线上，用于吸收阳光加热工质，如图2-1-2所示。实际上，槽式系统的集热管就是一根具有良好保温特性的金属圆

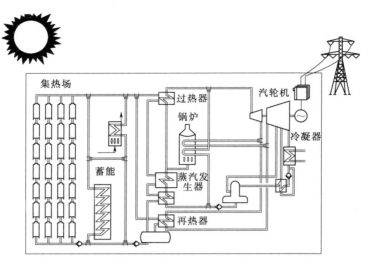

图 2-1-1　导热油槽式系统工作原理示意图

管。目前，集热管有真空集热管和空腔集热管两种结构。槽式集热器配有自动跟踪系统，能跟踪太阳的运行。反射镜根据其采光方式的不同，即轴线指向的不同，可以分为东西向和南北向两种布置形式，因此它有两种不同的跟踪方式。通常，南北向布置的反射镜需作单轴跟踪，东西向布置只作定期跟踪调整。每组槽式集热器均配有一个伺服电机。由太阳辐射传感器瞬时测定太阳位置，通过计算机控制伺服电机，带动反射镜面绕轴跟踪太阳。槽式集热器的聚光比为 10～30，集热温度可达 400℃。

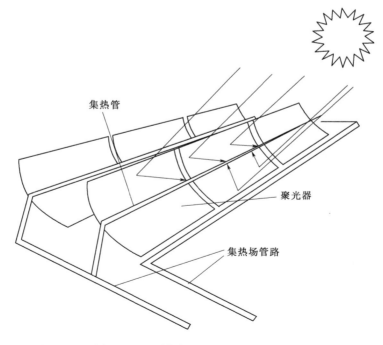

图 2-1-2　槽式系统聚光原理示意图

2．换热子系统

换热子系统由预热器、蒸汽发生器、过热器和再热器组成。导热油槽式系统采用双回路结构，即集热管中的工质油被加热后，进入换热子系统中产生过热蒸汽，过热蒸汽通过蒸汽回路进入汽轮发电子系统发电。

3．发电子系统

发电子系统的基本组成与常规发电设备类似，但太阳能加热系统与辅助能源系统联合运行时，需要配备一种专用控制装置，用于工作流体在太阳能加热系统与辅助能源系统之间的切换。

4．蓄热子系统

蓄热子系统是太阳能热发电站不可缺少的组成部分。太阳能热发电系统在早晚或云遮时通常需要依靠储能设备维持系统的正常运行。蓄热器就是采用真空或隔热材料作良好保温的贮热容器。蓄热器中贮放蓄热材料，通过换热器对蓄热材料进行储热和取热。蓄热子系统采用的蓄能方式主要有显式、潜式和化学蓄热 3 种。对不同的蓄热方式，应该选择不同的蓄热材料。

5．辅助能源子系统

辅助能源子系统一般应用于夜间或阴雨天系统运行时，采用常规燃料作辅助能源。Al－sakaf 提出，电厂通常可以使用 25％以上的化石类燃料作不时之需，这样可以节省昂贵的能量储存装置，降低整个太阳能热发电系统的初次投资，而且优化了太阳能热发电站的设计，大大降低了生产单位电能的平均成本。

（二）槽式太阳能直接蒸汽发电系统

1．发展槽式太阳能直接蒸汽发电系统的必要性

目前，世界上商业运行的槽式太阳能热发电系统普遍应用导热油作为其传热工质，但是导热油却存在着很多不足之处：①导热油在高温下运行时，化学键易断裂分解氧化，从而引起系统内压力上升，甚至出现导热油循环泵的气蚀，特别是对于气相循环系统，压力上升，则难以控制其内部温度，进而因为气夹套上部或盘管低凹处气体的寄存，造成热效率降低等不良影响，因此导热油工作槽式系统一般运行温度为 400℃，不宜再提高，这直接造成导热油工作槽式系统的系统效率不高；②导热油在炉管中的流速必须选在 2m/s 以上，流速越小油膜温度越高，易导致导热油结焦；③油温必须降到80℃以下，循环泵才能停止运行；④一旦导热油发生渗漏，在高温下将增加引起火灾的风险。美国 LUZ 公司的 SEGS 电站就曾经发生过火灾，并为防止油的泄漏和对已漏油的回收投入大量资金。鉴于导热油工质的上述问题，太阳能专家开始考虑直接应用水蒸气作为工质进行发电。水工质槽式系统的运行温度可以达到 500℃甚至更高，减少了换热环节的能量损失以及换热设备等的投资，降低了电站的成本，降低了电站的安全隐患，减少了对环境的影响，提高了电站的发电效率。因此，Cohen 和 Kearney 于 1994年提出了直接蒸汽发电槽式太阳能聚光集热器（槽式集热器）的概念，作为槽式集热器的未来发展方向。近年来，各国专家学者均将目光投向了直接以水（蒸汽）为工质的槽

式 DSG 系统。

2. 槽式 DSG 系统的概念和优势

槽式 DSG 系统是利用抛物线形槽式聚光器将太阳光聚焦到集热管上，直接加热集热管内的工质水，直至产生高温高压蒸汽推动汽轮发电机组发电的系统。其中，由聚光器与集热管组成的装置称为 DSG 槽式太阳能聚光集热器（DSG 槽式集热器），是槽式 DSG 系统的核心部件。与工质为导热油的槽式系统相比，槽式 DSG 系统同样由聚光集热子系统、发电子系统、蓄热子系统、辅助能源子系统构成，但由于利用水工质代替了导热油工质，因此没有换热环节。槽式 DSG 系统具有以下优势：①用水替代导热油，消除了环境污染风险；②省略了油或蒸汽换热器及其附件等，电站投资大幅下降；③简化了系统结构，大幅降低了电站投资和运营成本；④具有更高的蒸汽温度，电站发电效率较高。

3. 槽式 DSG 系统运行模式

Dagan 和 Lippke 提出槽式 DSG 系统的运行模式有直通模式、注入模式和再循环模式 3 种，如图 2-1-3 所示。

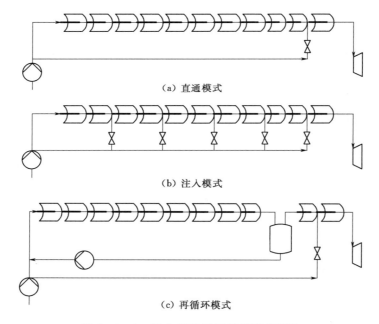

（a）直通模式

（b）注入模式

（c）再循环模式

图 2-1-3　槽式 DSG 系统运行模式简图

在直通模式槽式 DSG 系统中，给水从集热器入口至集热器出口，依次经过预热、蒸发、过热，直至蒸汽达到系统参数，进入汽轮机组发电。注入模式槽式 DSG 系统与直通模式槽式 DSG 系统类似，区别在于注入模式槽式 DSG 系统中集热器沿线均有减温水注入。而再循环模式槽式 DSG 系统最为复杂，该系统在集热器蒸发区结束位置装有汽水分离器。3 种模式中，直通模式是最简单、最经济的运行模式，再循环模式是目前最保守、最安全的运行模式，而由于在试验中发现注入模式的测量系统不能正常工作，因此一般认为注入模式是不可行的。由于槽式 DSG 系统运行中集热器内存在水-水蒸气两相流转化过程，因此其控制问题比导热油工质槽式系统更加复杂。

三、槽式太阳能光热发电技术发展现状及发展方向

由于槽式 DSG 系统由导热油槽式系统发展而来，而目前槽式 DSG 系统刚刚处于起步阶段，研究槽式 DSG 系统的建模和控制问题可以借鉴导热油槽式系统的相关问题研究，因此在论述槽式集热器、槽式太阳能光热发电技术的发展现状和研究现状时，将其分为导热油槽式系统和槽式 DSG 系统两部分进行。

（一）槽式太阳能光热发电系统发展现状

槽式太阳能光热发电系统作为唯一商业化的太阳能热发电系统，从 1980 年美国与以色列联合组建的 LUZ 公司研制开发槽式线聚焦系统开始，至今已经发展了 40 多年。

1. 导热油槽式系统发展现状

（1）1985 年，LUZ 公司在美国加利福尼亚州南部的 Mojave 沙漠地区建立了第一座槽式太阳能热发电站 SEGS Ⅰ，实现了槽式太阳能热发电技术的商业化运行。在随后的 6 年里，LUZ 公司又在 SEGS Ⅰ 电站附近建设了 8 座大型槽式太阳能热发电站（SEGS Ⅱ～Ⅸ），这 9 座电站的装机容量均为 14～80MW，总容量达到 354MW，总的占地面积已超过 7km²，全年并网的发电量在 8 亿 kW·h 以上，发出的电力可供 50 万人使用，其光电转化效率已达到 15%，至今运行良好。表 2-1-1 为美国主要槽式太阳能热发电系统技术参数及运行性能。SEGS 电站槽式集热器采用不锈钢管作为集热管，并涂有黑铬选择性吸收涂层或低热发射率的金属陶瓷涂层。集热管外套有抽真空的玻璃封管，玻璃封管内外均涂有减反射膜。集热管内的传热工质为导热油 Therminol VP-1，导热油在集热管中被太阳辐射加热至设定温度，进入换热器作为热源，加热水至水蒸气推动汽轮机做功。

表 2-1-1　　美国主要槽式太阳能热发电系统技术参数及运行性能

项　　目		SEGS Ⅰ	SEGS Ⅱ	SEGS Ⅲ	SEGS Ⅳ	SEGS Ⅴ	SEGS Ⅵ	SEGS Ⅶ	SEGS Ⅷ	SEGS Ⅸ
站址（加利福尼亚州）		Daggett	Daggett	Kramer Junction	Kramer Junction	Kramer Junction	Kramer Junction	Kramer Junction	Harper Lake	Harper Lake
投运年份		1985	1986	1987	1987	1988	1989	1989	1990	1991
额定功率/MW		13.8	30	30	30	30	30	30	80	80
集热面积/万 m²		8.296	18.899	23.030	23.030	25.055[②]	18.800	19.428	46.434	48.396
介质入口工质温度/℃		240	231	248	248	248	293	293	293	293
介质出口工质温度/℃		307	316	349	349	349	391	391	391	391
蒸汽参数 /(10^5℃/Pa)	太阳能	—	—	327/43	327/43	327/43	371/100	371/100	371/100	371/100
	天然气	417/37	510/105	510/105	510/100	510/100	510/100	510/100	371/100	371/100
透平循环 效率/%	太阳能	31.5[①]	29.4	30.6	30.6	30.6	37.5	37.5	37.6	37.6
	天然气	—	37.3	37.4	37.4	37.4	39.5	39.5	37.6	37.6

项　目	SEGS I	SEGS II	SEGS III	SEGS IV	SEGS V	SEGS VI	SEGS VII	SEGS VIII	SEGS IX
汽轮机循环方式	无再热	无再热	无再热	无再热	无再热	再热	再热	再热	再热
镜场光学效率/%	71	71	73	73	73	76	76	80	80
从太阳能到电能的年平均转换效率/%[3]	—	—	11.5	11.5	11.5	13.6	13.6	13.6	—
年发电量/万 kW	3010	8050	9278	9278	9182	9085	9265	25275	25613

① 包括天然气过热。

② 1986 年建成时为 233120m^2。

③ 按太阳能总辐射能量计。

SEGS I～IX 槽式太阳能热发电站已经成为世界许多国家研究槽式太阳能热发电技术的模型和样例，是槽式太阳能热发电技术具有里程碑意义的代表作，最具深远的影响力。

(2) 2007 年 6 月，Nevada Solar One 电站正式并网运行。该电站是 16 年内美国境内建设的第二座太阳能热发电站，也是 1991 年以来世界上最大的一座太阳能热发电站。Nevada Solar One 电站坐落在内华达州，由西班牙 Acciona Energia 公司建设，额定容量为 64MW，最大容量为 75MW，年发电量为 1.34 亿 kW·h。该电站总占地面积 1214058m^2，拥有 760 台槽式集热器，共计 182000 面聚光镜和 18240 根 4m 长的集热管。采用导热油作为工质，集热管出口工质温度为 391℃，经过热交换器加热水产生蒸汽，驱动西门子 SST-700 汽轮机组发电。Nevada Solar One 电站项目总投资达到了 2.66 亿美元。

(3) 2009 年 3 月，Andasol-1 电站并网发电。该电站是欧洲第一座抛物线槽式太阳能热发电站，位于西班牙安达卢西亚的格拉纳达。Andasol-1 电站装机容量为 50MW，年产电力 180GW·h，占地面积 2km^2，总集热面积达 510120m^2。Andasol-1 电站太阳场进出口工质温度为 293/393℃。

该电站带有大型蓄热装置，两个蓄热罐每个高 14m，直径 36m，蓄热介质为熔融盐（NaNO$_3$ 占 60%，KNO$_3$ 占 40%），共计 28500t，蓄热总量为 1010MW·h，可使汽轮发电机组满载发电 7.5h。集热管采用 ET-150 型集热管，每根 4m，共计 22464 根，由以色列 Solel 公司和德国 Schott 公司提供。209664 块反射镜由德国 Flabeg 公司提供。集热管以导热油为传热工质，工质为 Diphenyl/Diphenyl oxide。汽轮机采用西门子 50MW 再热式汽轮机，循环效率为 38.1%。电站总投资 26.5 亿欧元，发电成本为 0.158 欧元/(kW·h)。

(4) Archimede 槽式太阳能热发电站位于意大利西西里岛的 Priolo Gargallo，于 2010 年 7 月建成。该电站装机容量为 5MW，集热器出口工质温度达到 550℃，镜场面积为 30000m^2，使用了世界上较为先进的 ENEA 太阳能聚光器。Archimede 电站是第一座采用熔融盐为传热、储热工质的燃气联合循环电站。

(5) 2013 年 10 月，目前全球最大的槽式太阳能光热电站 Solana 光热电站正式实现投运。该电站装机容量达到 280MW，是美国首个配置熔盐储热系统的太阳能电站，储热时长 6h。Solana 光热电站位于美国亚利桑那州凤凰城西南的 Gila Bend 附近，年发电量高达 9.44 亿 kW·h，可满足 7 万家庭的日常用电需求，电站总投资额高达 20 亿美元。Solana 光热电站参数见表 2-1-2。

表 2-1-2　　　　　　　　　　　　Solana 光热电站参数

项 目	参 数	项 目	参 数
开发商和运维商	Abengoa Solar	采光面积	220 万 m²
EPC	Abeinsa、Abener、Teyma	集热管	Schott PTR70
装机	280MW	导热油	Therminol VP-1
反射镜	Rioglass	储热	6h 熔盐传热
集热阵列	3232 个	冷却	水冷
每个回路的集热阵列数量	4 个	汽轮机	2 个 140MW 的西门子汽轮机
每个集热阵列的槽式集热器数量	10 个	换热器	Alfa Laval
槽式集热器类型	Abengoa Solar Astro	电伴热	AKO

2. 槽式 DSG 系统发展现状

工质为导热油的槽式太阳能热发电技术已经较为完善，但导热油工质由于其自身特性使整个发电系统有无法弥补的缺陷。因此，各国专家在建设工质为导热油的槽式太阳能热发电站的同时，也在寻求工质为水的 DSG 槽式太阳能热发电站的研究和发展。

（1）1996 年，在欧盟的经济支持下，CIEMAT 公司联合 DLR 公司、ENDESA 公司等八家公司在 CIEMAT-PSA 实验中心共同研发了一个槽式太阳能直接蒸汽发电实验项目 DISS（Direct Solar Steam）。DISS 项目的目的是研发 DSG 槽式太阳能热发电站，并测试其可行性。DISS 项目总装机容量为 1.2MW。DISS 项目分两个阶段：第一阶段是从 1996 年 1 月至 1998 年 11 月，主要是在 CIEMAT-PSA 实验中心设计并建设完成一个与实际电站一样大小的实验系统；第二阶段从 1998 年 12 月至 2001 年 8 月，这个阶段主要是利用该实验系统在真实太阳辐射条件下研究槽式 DSG 系统的三种基本运行方式，即直通模式、再循环模式和注入模式，找出最适合于商业电站的运行模式，并为未来 DSG 槽式电站的设计积累经验。DISS 项目工质为水，出口工质流量为 0.8kg/s，工质温度约为 400℃，压力为 10MPa。

DISS 项目由两个子系统组成，分别是拥有抛物线槽式聚光器（PTCs）的集热场和辅助设备（Balance of Plant，BOP）。DISS 电站回路示意图如图 2-1-4 所示。集热场把直射太阳辐射能转换为过热蒸汽的热能，BOP 负责凝结过热蒸汽并送回到集热场入口。集热场是一个单独的南北放置的槽式集热器组，该集热器组串联了 11 个改进的 LS-3 抛物线槽式集热器，长度为 500m，开口宽度 5.76m，反射镜面积 3000m²，集热管的内、外径分别为 50mm 和 70mm。其中 9 个槽式集热器长 50m，由 4 个抛物线槽式反射模块组成；另外两个槽式集热器长 25m，由两个抛物线槽式反射模块组成。整个集热场由 3 部分组成，即预热区、蒸发区和过热区。蒸发区末端设有再循环泵和汽水分离器，这是进行再循环式槽式 DSG 系统实验时用的。给水在集热场中经过预热、蒸发和过热 3 个阶段被加热成过热蒸汽，通过辅助设备降温后再次作为给水参与循环。由于利用汽轮机组发电并无任何技术问题，因此 DISS 项目考虑投资等因素并未设置发电设备。

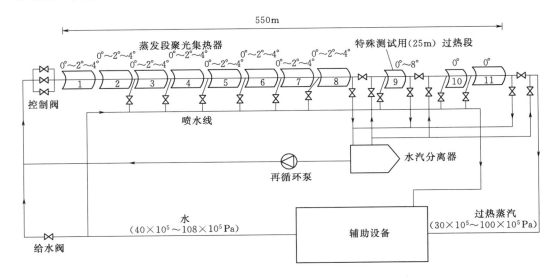

图 2 - 1 - 4　DISS 电站回路示意图

DISS 项目实验系统有 3 个运行模式，其集热场入口和出口运行参数见表 2 - 1 - 3。

表 2 - 1 - 3　　　　DISS 项目实验系统集热场入口和出口运行参数

模式	集热场入口	集热场出口
1	水 40×10^5 Pa/210℃	蒸汽 30×10^5 Pa/300℃
2	水 68×10^5 Pa/270℃	蒸汽 60×10^5 Pa/350℃
3	水 108×10^5 Pa/300℃	蒸汽 100×10^5 Pa/375℃

DISS 项目的运行结果表明，槽式 DSG 技术是完全可行的，并且证明在回热兰金循环下，汽轮机入口工质温度为 450℃时，DISS 项目太阳能转化电能的转化率为 22.6%。而工质为导热油的槽式系统，汽轮机入口工质温度为 375℃（这一温度由导热油的稳定极限温度限制）时，太阳能转化电能的转化率仅为 21.3%。

（2）2006 年，Zarza 等提出了世界上第一座准商业化 DSG 槽式太阳能热发电站 INDITEP 电站的设计方案，具体方案如图 2 - 1 - 5 所示。设计方案指出，INDITEP 电站是一座再循环模式的 DSG 槽式电站，由欧盟提供经济支持，德国与西班牙合作建设。INDITEP 电站是 DISS 项目的延续，依据 DISS 项目开发的设计和仿真工具均被应用到 INDITEP 电站中。建设 INDITEP 电站的目的是通过实际电站运行验证 DSG 槽式太阳能热发电技术的可行性，并逐步提高该技术在运行中的灵活性和可靠性，因此采用鲁棒性较高的 KKK 过热汽轮发电机组。该电站装机容量为 5MW，采用过热蒸汽兰金动力循环，选用 ET-100 型槽式集热器南北向排列，共 70 台槽式集热器，每排由 10 台槽式集热器组成，其中 3 台用于预热工质，5 台用于蒸发，两台用于产生过热蒸汽，蒸发区与过热区之间由汽水分离器连接。集热场入口水工质的温度和压力为 115℃、8MPa，给水流量为 1.42kg/s，出口产生流量为 1.17kg/s、温度和压力为 410℃、7MPa 的过热蒸汽。集热场设计点为太阳时 6 月 21 日 12 时。

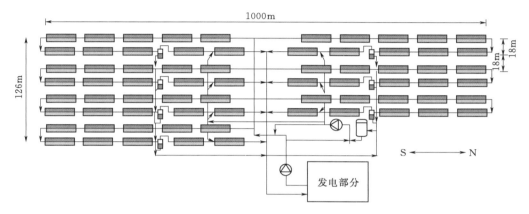

图 2-1-5　INDITEP 电站的设计方案

（3）2012 年 1 月，TSE-1 电站并网发电，这是世界上首座商业化 DSG 槽式太阳能热发电站。TSE-1 电站位于泰国 Kanchanaburi 省，装机容量为 5MW，运行温度和压力为 330℃、3MPa，集热场占地面积为 11 万 m²，聚光镜面积为 45 万 m²，年发电量为 9GW·h，由 Solarlite 公司提供技术支持。

与国外相比较，我国槽式太阳能热发电技术起步较晚。导热油工质槽式系统方面，中国科学院工程热物理所搭建了导热油工质真空集热管测试平台，验证了太阳辐照度、流体温度与流量对集热性能的影响。2013 年 8 月，龙腾太阳能槽式光热试验项目在内蒙古乌拉特中旗巴音哈太正式投入使用，试验期限为两年。该项目将为未来华电集团在乌拉特中旗开发 50MW 太阳能光热发电项目提供设备及安装服务奠定坚实的基础。槽式 DSG 系统方面，河海大学搭建了 DSG 槽式集热器测试平台，但还处于平台测试阶段。

（二）槽式太阳能聚光集热器发展现状

目前，世界上已经使用过的槽式太阳能聚光集热器（简称"槽式集热器"）共有 7 种，分别是 Acurex3001 型、M.A.N.M480 型、LS-1 型、LS-2 型、LS-3 型、ET-100/150 型、DS-1 型。

LUZ 公司研发生产了 4 种型号的槽式集热器，即 LS-1 型、LS-2 型、LS-3 型、LS-4 型（公司原因，未真正使用）。其中，LS-4 型槽式集热器直接以水作为工质，开口宽度为 10.5m，长度为 49m，面积为 504m²。而另外三种型号的槽式集热器都在 SEGS 电站中得以应用，在 SEGS Ⅰ 和 SEGS Ⅱ 上使用的是 LS-1 及 LS-2 两种集热装置，LS-2 应用于 SEGS Ⅲ、SEGS Ⅳ、SEGS Ⅴ、SEGS Ⅵ 上，SEGS Ⅶ 上使用的是 LS-

2 及 LS - 3 两种，而 SEGSⅧ 和 SEGSⅨ 上应用的是 LS - 3。

图 2 - 1 - 6 所示为 LUZ 公司的 LS - 3 型槽式集热器组件（Solar Collector Assembly，SCA）。LS - 3 型槽式集热器的反射镜是由热成型制镜玻璃板制成，并用桁架系统支撑，以确保 SCA 的结构稳定。抛物线反射镜的开口宽度为 5.76m，整个 SCA 的长度为 95.2m（净镜长）。反射镜由透射比为 98% 的低铁浮法玻璃制成，背面镀银，并覆盖有多层保护涂层。在特制炉内的精确抛物线模具上加热反射镜，以获得抛物线形。在镜面与集热管支架之间用陶瓷垫片连接，并用特制黏着剂黏合。LS - 3 的镜面可使 97% 的反射光入射到线形集热管上。

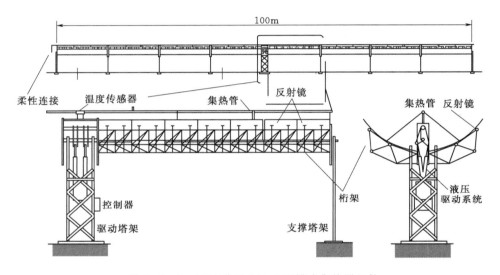

图 2 - 1 - 6　LUZ 公司 LS - 3 型槽式集热器组件

ET 型槽式集热器与 LS - 2 型槽式集热器的热损失基本一样，但 ET 型槽式集热器具有 30° 的倾角，因而效率较 LS - 2 型提高了很多。并且 ET 型槽式集热器具有更大的风力承载能力。由于 ET 型槽式集热器要应用于 DSG 太阳能热电站中，所以较 LS 系列具有耐高压、耐高温的性能，而且镜子重量也降低了 50%，费用也因技术的发展而大大降低。表 2 - 1 - 4 是上述槽式集热器性能参数比较。

表 2 - 1 - 4　　　　　　　　　　槽式集热器性能参数比较

槽式集热器型号	Acurex 3001	M. A. N. M480	LS - 1	LS - 2		LS - 3	ET - 100/150	DS - 1
年份	1981	1984	1984	1985	1988	1989	2004	2004
面积/m²	34	80	128	235		545	545/817	470
开口宽度/m	1.8	2.4	2.5	5		5.7	5.7	5
长度/m	20	38	50	48		99	100/150	100
接收管直径/m	0.051	0.058	0.042	0.07		0.07	0.07	0.07

续表

槽式集热器型号	Acurex 3001	M. A. N. M480	LS－1	LS－2		LS－3	ET－100/150	DS－1
聚光比	36∶1	41∶1	61∶1	71∶1		82∶1	82∶1	71∶1
光学效率	0.77	0.77	0.734[①]	0.737	0.764[①]	0.8[①]	0.78[②]	0.78[②]
吸收率	0.96	0.96	0.94	0.94	0.99	0.96	0.95	0.95
镜面反射率	0.93	0.93	0.94	0.94	0.94	0.94	0.94	0.94
集热管发射率	0.27	0.17	0.3	0.24	0.19	0.19	0.14	0.14
温度/(℃/℉)			300/572	300/572	350/662	350/662	400/752	400/752
工作温度/(℃/℉)	295/563	307/585	307/585	349/660	390/734	390/734	391/735	391/735

①　摘自 Luz 公司说明书。

②　基于测量数据。

槽式集热器的总体发展趋势是制造具有更高聚光比（槽式集热器开口宽度与集热管直径之比）的大型槽式集热器，以保证工质具有较高出口工质温度时槽式集热器具有较高的热效率。

（三）槽式太阳能光热发电技术发展方向

槽式太阳能光热发电技术作为最成熟、最完善的太阳能光热发电技术，已经成功进行了近 30 年的商业运营，目前世界上槽式太阳能热发电的发展方向是完善工质为水的 DSG 槽式太阳能热发电技术。德国航空航天中心（DLR）太阳能研究所的项目总监 Fabian Feldhoff 给出了如下具体的研究方向。

1. 产业方面

提高系统运行参数（达到 11MPa/500℃）；优化集热管参数，使其承受更高压力和温度的同时降低其成本；改进电站结构，降低发电费用。

2. 研发技术方面

优化再循环模式和直通模式的集热场性能；优化电站启动过程，提高运行控制的稳定性；降低储能成本，提高储能性能；实现槽式 DSG 电站与其他形式电站的联合运行，达到优势互补的目的。

四、槽式太阳能光热发电技术研究现状

（一）槽式太阳能聚光集热器及光热发电系统建模研究现状

对槽式集热器及光热发电系统进行建模，是对槽式热发电系统进行仿真的基础，是研究槽式光热发电系统稳态特性和动态特性的基础，也是研究槽式热发电控制方案的基础。从 1980 年 LUZ 公司研制开发槽式线聚焦系统开始，这项工作就一直在进行，并不断被完善。

1. 国外研究现状

（1）Sandia 国家实验室测量了不同条件下的 LS2 型 SEGS 槽式集热器的热损和集热器效率。Dudley 等利用该实验数据推导出了集热器效率和热损与工质温度之间的简

单多项式关系式，给出了 LS2 型槽式集热器的入射角修正系数。

（2）Heinzel 等建立了抛物线形槽式集热器的光学模型，并利用该光学模型和基本热损模型对导热油工质的 LS2 型槽式集热器进行了模拟，与美国桑迪亚国家实验室的实验数据基本吻合。

（3）Odeh 在 1996—2003 年的 5 篇论文中，分析了 SEGS 电站槽式集热器的热力学性质，建立了以管壁温度作为自变量的槽式集热器热力学稳态模型，该模型经与美国桑迪亚实验室导热油工质 LS2 型槽式集热器实验数据比较，验证了模型的正确性；根据集热管的发射率、风速、集热管管壁温度和辐射强度建立了以管壁温度为自变量的槽式集热器热损模型及效率模型，所建模型是根据管壁温度拟合的热损失曲线而不是基于工作介质的平均温度，这样扩大了模型的适用范围，适合于预测以任意流体作为工作介质的槽式集热器性能；建立了 DSG 槽式集热器的水动力稳态模型（包括流态模型和压降模型），并与热力学模型联立建立了槽式 DSG 系统的统一模型，优化了直通式 DSG 槽式集热器的设计，提出了 DSG 集热器的稳态运行策略。

（4）Almanza 等对 DSG 槽式集热器在不同条件下的集热管特性进行了实验分析，发现当冷水进入集热管时，集热管会发生弯曲变形，分析表明这是由于管周温差过大（约 50℃）引起的。当把钢管换为铜管增大导热系数时，管周温差降低，弯曲现象基本消失。2002 年，Almanza 等对 DSG 槽式集热器在两相区分层流型发生时的钢管弯曲进行了实验研究，发现瞬态温度梯度的改变是钢管弯曲的主要原因。

（5）Bonilla 设计开发了一个基于面向对象的数学模型的 DSG 槽式太阳能热发电站的动态仿真方案。该动态仿真方案包含面向对象的数学模型，采集并转换传感器数据作为模型的输入并针对如何获得适合的边界条件问题的初值等，利用 Matlab 开发了一些测试工具。并利用多目标遗传算法校准动态模型。Bonilla 只考虑了直通模式 DSG 槽式电站的模型。该模型的输入包括环境温度，直射太阳辐射 DSI，入口工质温度、压力、流量以及喷水减温器工质的温度、压力和流量。该模型两相区采用了均相模型。采用有限体积法、交错网格法以及迎风格式对模型进行离散。但该模型中每一种状态的工质的传热系数被简化为常数，摩擦系数也被简化为常数。

（6）Ray 根据质量守恒定律、能量守恒定律和动量守恒定律建立了塔式太阳能热发电系统蒸汽发生器的相变边界随时间变化的非线性集总参数模型。虽然该模型是针对塔式太阳能发电系统设计的，但由于其工质为水，而且具有直流锅炉的特性，所以仍可为槽式太阳能直接蒸汽发电系统建模提供参考。Ray 还研究了塔式系统蒸汽发生器的动态特性，但由于模型中将工质假定为不可压缩流体，因此影响了其动态特性的准确性。

（7）Eck 建立了再循环模式 DSG 槽式集热器的非线性分布参数模型，为了获得灵活且鲁棒性强的仿真模型，建立了显式的微分方程组，并且所有闭合方程（包括压降方程、传热方程和工质物性参数方程等）均被描述成为状态变量的函数。但该模型仅以函数符号形式表示，未给出具体关系式。

2. 国内研究现状

近年来，随着我国对太阳能光热发电技术研究的深入，国内学者也逐步开始了对槽式集热器的研究。

（1）徐涛以槽式集热器的散焦现象为切入点，对集热管表面光学聚光比分布开展理论分析和计算机模拟研究，建立了光学聚光比的数学模型。

（2）韦彪以直通模式 DSG 槽式集热器为研究对象，基于集热器管内水工质的流型与传热特性，建立了 DSG 槽式集热器稳态传热模型。

（3）李明建立了槽式集热器的稳态数学模型，并利用实验验证了模型的正确性，但实验验证槽式集热器的出口工质温度选为 40～100℃，不易反映 DSG 槽式集热器出口工质温度一般在 400℃左右的实际情况。

（4）熊亚选通过分析槽式太阳能集热管热损失的计算方法和传热过程，建立了槽式太阳能集热管传热损失性能计算分析的二维稳态经验模型，模型的计算结果与试验数据基本一致，验证了模型的有效性。

（5）杨宾在传统槽式集热器研究的基础上，针对集热管内水在流动吸热的过程中状态变化，建立了管内一维稳态两相流动与传热模型。在此基础上，依照 INDETEP 电站设计原理，建立了 5MW 槽型直接蒸汽式太阳能电站的仿真模型，并结合 INDETEP 电站的整体运行情况，对电站的技术经济性进行了分析。

（6）崔映红在对 DSG 槽式集热器中水的流型分析的基础上，进行了水在不同状态下对流换热系数计算模型的研究。利用传热热阻原理分析了 DSG 槽式集热器热损的计算方法，建立了稳态热传导模型，并对直通模式和再循环模式连接的 DSG 槽式集热器的压降进行了分析。

（7）梁征分别建立了导热油工质槽式集热器的一维传热动态模型和水工质 DSG 槽式集热器的一维多相流动与传热动态模型。导热油工质模型与实验数据吻合较好，但 DSG 槽式集热器模型与实验数据相比误差较大。

从以上文献分析可以看出，工质为油的槽式集热器及发电系统的建模已经比较完善，而对于工质为水的 DSG 槽式集热器及热发电系统的建模，国外研究的相对较多，国内学者的研究还主要集中在研究聚光镜模型和槽式集热器稳态模型上，仍处于起步阶段。对于 DSG 槽式集热器稳态模型，国内外对其传热特性和水动力特性的耦合研究较少，且计算结果与实验数据差别较大。对于 DSG 槽式集热器动态模型和槽式 DSG 系统动态模型，国内外采用非线性集总参数方法进行建模的较为多见，而采用能够充分体现槽式太阳能热发电系统管线长、直射辐射强度沿管线方向不均匀分布特点的非线性分布参数动态模型研究得很少，国内外均尚处于探索阶段。

（二）槽式太阳能光热发电系统热工过程控制研究现状

为了保证太阳能光热发电系统的稳定、正常运行，对于导热油工质的槽式系统，其主要控制目标是通过调节传热液体的流速，实现在不同运行状况下管路出口处导热油的温度恒定。而对于水工质的槽式 DSG 系统，其控制目标则是根据汽轮发电机的需要，在管路出口处实现恒定温度和压力的蒸汽输出，这样太阳辐射的变化就只影响出口蒸汽流量，而不影响蒸汽的温度和压力。

对于导热油槽式系统，关于其控制方法、控制策略的研究非常多。各国专家学者采用的方法包括 PID 控制、前馈控制、模型预测控制、自适应控制、增益调度控制、串级控制、内模控制、延时补偿、优化控制和神经网络控制等。

1. 国外研究现状

尽管太阳能电站的所有动态特性（非线性、不确定性等）都表明其适合先进控制理论，但大多数太阳能电站还是采用了经典的 PID 控制器。Camacho 在其《太阳能电站先进控制》一书中提到固定参数 PID 控制器限制了系统的安全运行工况，应在控制回路中增加额外的补偿以使电站能稳定运行。Camacho 等在 PID 控制方案的基础上在控制回路中增加了前馈环节以减少可测量扰动的影响。Vaz 提出了增益插值 PID 控制方案。Johansen 等提出了包括太阳辐射和入口工质温度前馈的以内部能量作为控制变量的 PID 控制方案。上述各种 PID 控制方案均能提高系统的控制性能。

Cirre 等对导热油槽式系统提出了基于反馈线性化的控制方案，控制目标为当扰动（主要是太阳辐射和入口工质温度的变化）作用时通过调整工质流速使出口蒸汽温度跟踪其设定值。反馈线性化方法是一种非线性控制方法，其主要思想是将非线性系统转化为线性系统，这样就可以应用很多成熟的线性控制策略进行控制。该控制策略在西班牙 Acurex 集热场上进行了检测，实验结果验证了方案的可行性。

Henriques 等为导热油槽式系统建立了基于递归神经网络和输出调节理论的间接自适应非线性控制方案。Henriques 等先离线训练神经网络模型，再利用李雅普诺夫稳定性理论和非线性观测理论对模型采用在线学习策略进行改进。该控制策略在西班牙 Acurex 集热场上进行了检测，实验结果验证了方案的可行性。

但是对于工质为水的槽式 DSG 系统，由于 2012 年第一座商业化的 DSG 槽式电站才投入运行，因此关于其控制系统的研究可以说是刚刚开始。公开发表的研究成果非常有限，仅有的几篇关于 DSG 系统控制方法和策略的文章都是基于 DISS 项目完成的。目前，国外采用的主要还是经典的比例-积分（PI）控制方法。

Valenzuela 设计实施了 DISS 项目直通模式和再循环模式槽式 DSG 系统的控制方案，并对其做了实验对比，验证了控制方案的可行性。所有的控制模型（包括蒸汽温度、汽水分离器水位以及蒸汽压力等）均采用传递函数模型，该模型通过在不同工况下对系统进行阶跃实验得到。Valenzuela 采用了经典的 PI/PID 控制器，控制器参数采用极点配置法得到。实验中，再循环模式槽式 DSG 系统表现出的控制性能可以接受；而直通模式槽式 DSG 系统较难控制，因此，在 PI 控制的基础上增加了前馈控制器，并采用了串级控制。

Eck 对再循环模式槽式 DSG 系统的汽水分离器水位和出口蒸汽给出了控制方案。对于汽水分离器水位控制，Eck 针对现有给水流量 PI 控制滞后大、调节慢的现象，在给水流量 PI 控制基础上，增加了集热场出口蒸汽产量的快速反馈回路，提高了控制性能。对于出口蒸汽控制，在 PI 控制的基础上并联前馈控制以提高控制性能。

2. 国内研究现状

与国外相比较，国内关于槽式 DSG 系统控制方案、控制策略的研究处于刚刚起步阶段。张先勇等对槽式太阳能热发电系统中的太阳跟踪控制、温度与压力控制系统等关键控制问题的应用现状作了较为全面的综述。王桂荣、潘小弟等采用 PI 控制为辅的反馈线性化串级控制器对注入模式下的槽式 DSG 系统出口蒸汽温度控制进行了研究。但由于实验证明注入模式的测量系统不能正常工作，因此一般不采用注入模式作为槽式 DSG 系统的系统结构，但文中的控制方法和控制策略还是可以借鉴的。

从上面的文献分析可以看出，对油工质槽式系统的控制研究已经比较完善。而对工质为水的槽式 DSG 系统的控制研究，目前主要集中在以 PID 控制为基础的相关控制方案上。由于槽式 DSG 系统的控制对象多具有滞后大、惯性大、参数时变等特点，经典的 PID 控制方法较难达到良好控制效果，因此应该将先进控制理论应用到槽式 DSG 系统的控制中。

第二节　太阳辐射的聚光技术

一、抛物线的焦点

1. 接收器

任何转换太阳能的装置都包括接收器，即能够将太阳辐射转换成另一种能量的装置。接收器可以是光伏电池（将光转换为电能），光在太阳能电池的材料中产生光伏效应，从而产生电流；也可以是利用吸热管来收集热能，太阳辐射被吸收用来加热一种介质（流体），它将吸收的能量传递给发电机。用于转换的能量总量取决于转换器上为单位面积所提供的太阳能。在光源（太阳）和接收器之间放置一个聚光器（通常是某种光学设备），可以在土地面积受到限制的情况下，大大提高聚焦辐射通量。太阳能集热器是一种太阳辐射处理系统，包括一个聚光器和一个接收器，太阳辐射进入该系统的截面积也可以称为采光孔径。

2. 聚光

由于太阳辐射量密度在到达地球的过程中显著衰减（从 $63.2\mathrm{MW/m^2}$ 到 $1\mathrm{kW/m^2}$），必须集中太阳辐射，以弥补其在地球表面的低通量密度，从而达到更高的温度和效率。聚光太阳直接辐射的方法包括反射和折射。对于点聚焦聚光器，在理论上聚光比为 46200，实际应用中聚光比只能达到 5000～10000；对于线聚焦聚光器，理论上聚光比为 215，实际应用中聚光比只能达到 20～80。聚光是将太阳辐射通量集中在比初始孔径更小的区域，意味着能量通量的增加，这可带来了以下几个重要的好处：

（1）可以达到更高的温度。

（2）接收器面积的减少可使接收表面的热量损失减少。

（3）可以在较小的面积上实现更高的能量转化率。

3. 聚光器

太阳能聚光器有两大类：成像聚光器和非成像聚光器。成像聚光器是在接收器上产生太阳的光学图像的聚光器。非成像聚光器不会产生太阳图像，而是将来自太阳的光分散到接收器的整个区域，与成像聚光器相比，非成像聚光器的聚光比较低（小于 10）。太阳辐射聚光器的类型如图 2 - 2 - 1 所示。

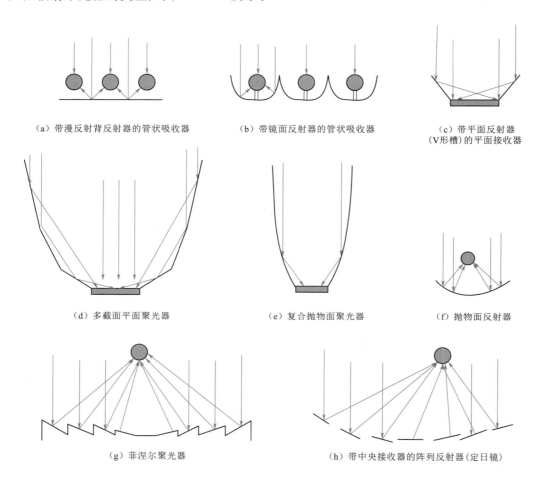

（a）带漫反射背反射器的管状吸收器　　（b）带镜面反射器的管状吸收器　　（c）带平面反射器（V形槽）的平面接收器

（d）多截面平面聚光器　　（e）复合抛物面聚光器　　（f）抛物面反射器

（g）菲涅尔聚光器　　（h）带中央接收器的阵列反射器（定日镜）

图 2 - 2 - 1　太阳辐射聚光器的类型

在图 2 - 2 - 1 所示的不同类型的聚光器中，抛物槽式、塔式、抛物面碟式和线性菲涅耳式这 4 种形式被用于公用事业规模的太阳能光热发电，所有这些都是成像聚光器，可以提供相对较高的聚光温度，比非成像聚光器的工作温度高得多。目前也有一些非成像复合抛物面收集器（CPC）用于中低温领域，其应用范围尚不广泛，但它在使用非光束辐射方面的灵活性以及对聚光器的定位更加宽松的技术要求仍然具有一定优势。

4. 太阳辐射的理论聚光比

聚光比是用来表征聚光器（集热器）的重要指标，从物理意义上说，聚光比是入射光通量（I_o）在接收器（集热管）表面上的光通量（I_r）增强系数，如图 2-2-2 所示，将通过选定采光孔径的可用能量聚集在接收器上较小的区域，就增加了能量通量。几何聚光比 C_{geo} 计算公式为

$$C_{geo} = \frac{采光孔径面积}{接收器表面积} = \frac{A_a}{A_r}$$

聚光比也可以用采光孔径处和接收器处的辐射通量比来表示，在这种情况下，称为光学聚光比 C_{opt}（或辐射通量聚光比），可以直接应用于热能计算。光学聚光比计算公式为

$$C_{opt} = \frac{接收器上的平均光通量}{采光孔径上的光通量（太阳辐射）}$$

通过采光孔径上的光通量（辐射）和接收器上的光通量（辐照）是均匀的情况下，几何聚光比和光学聚光比是相等的（$C_{geo} = C_{opt}$）。

众所周知，既然抛物面镜可以将

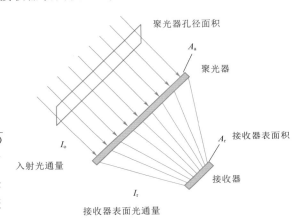

图 2-2-2　聚光过程示意图

平行于光轴的辐射聚焦在一个焦点或一条焦点线上，那么在抛物面镜上，可能的聚光比有限制吗？或者有可能达到任何比率吗？在早期对抛物线槽的光学分析中，太阳光线被认为是平行的，即认为太阳是一个无限远的点光源，然而实际太阳不是一个点，而是个有尺寸大小的圆面，到达地面的太阳光不是一束平行光，而是有一些分散的光束。为了认识太阳的大小，后来的研究假设了一个有尺寸的辐射强度均匀的太阳圆面，但后来证明这也不是一个实际的假设，辐射强度取决于它来自太阳的哪个位置，因此在可见的太阳圆面上存在着不均匀的光强度分布。这种强度的变化是可以直接观察到的，而且可能是由于太阳大气的复杂机制和地球大气的大气散射的相互作用造成的，由于大气散射作用，特别是在有雾天气条件下，定向分布得到了扩大，反射表面的散射将进一步改变太阳的强度分布。

因此，太阳的影像并不集中在上面所计算的焦点上，而是在焦点周围焦平面的某个区域聚集，太阳与地球的距离是有限的，因此太阳直接辐射有一个角度扩散，扩展角称为太阳光束角，它的值为 $32' = 0.53°$，如图 2-2-3 所示。光束扩散的存在使进入光学系统的太阳直接辐射不可能集中在一点上，因而要接收到全部的太阳辐射就存在着一个最大聚光比的限制。

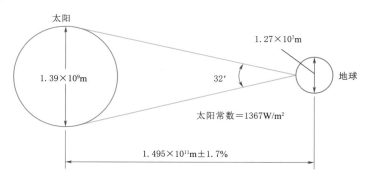

图 2 - 2 - 3　太阳光束角

　　要根据入射辐射的光束角度来确定最大聚光比，就要用到理想光学系统中的光通量守恒（Etendue Conservation）定律。理想的光学系统是不因消光过程（吸收）而造成能量损失的系统，系统内镜面反射系数为 1，光传输介质的透射系数为 1，在此系统中，如图 2 - 2 - 4 所示，光传输路径中没有改变折射指数的不同的光学介质，那采光面积 A 和接收面积 A' 与各自相对应的光束传播立体角的乘积是恒定的，或者面积 A 和面积 A' 与各自的半束角的正弦值的平方相等，即

$$A\sin^2\theta = A'\sin^2\theta'$$

集光率为

$$C_{3D} = \frac{A}{A'} = \frac{\sin^2\theta'}{\sin^2\theta}$$

图 2 - 2 - 4　光学系统中的集光率

　　考虑到前述的集光率的定义和太阳辐射的半光束角为 $32' = 0.267°$，对于 $\theta = 90°$ 所达到的最大集光率为

$$C_{max} = \frac{A}{A'} = \frac{\sin^2 90°}{\sin^2 0.267°} \approx 46200$$

这个理论集光率最大值对于一个理想的三维聚焦系统是有效的，它将入射辐射集中在理想光学系统中的常数守恒定律中的一个点上。在将入射辐射聚焦在一条直线上的二维集中系统中，面积与半光束角（而不是半光束角的正弦值的平方）的乘积是恒定的，因此最大集光率为

$$C_{max} = \frac{A}{A'} = \frac{\sin 90°}{\sin 0.267°} \approx 215$$

5. 抛物线的几何特性

抛物线的几何形状是槽式和碟式聚光太阳能技术的基础。众所周知，抛物线是一个平面曲线，是一个点的移动轨迹，它到固定的直线和固定的点的距离相等，如图 2-2-5 所示。其中固定的线称为准线，固定点 F 称为焦点，FR 的长度等于 RD 的长度，垂直于准线并通过焦点 F 的线称为抛物线的轴线，轴线将抛物线分成对称的两部分，抛物线与它的轴线相交于点 V，这个点被称为顶点，它正好位于焦点和准线的中间，沿着对称轴测量的顶点和焦点之间的距离是焦距 f。

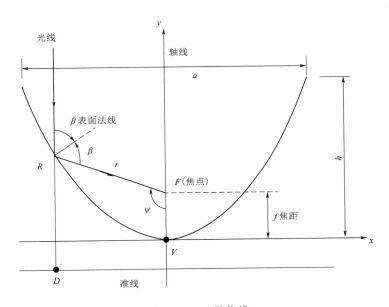

图 2-2-5　抛物线

如果取顶点 V 为原点，y 轴沿抛物线的轴线方向，抛物线的方程为

$$y = \frac{1}{4f}x^2$$

任何平行于抛物线轴线的直线，它与交点 R 的法线之间的夹角，等于法线与 R 到焦点连线之间的夹角，抛物线的形状被广泛用作聚光太阳能集热器的反射表面，就是因为它有这一特性。由于太阳辐射到达地球的光线本质上是平行的，根据反射定律，反射角等于入射角，所有平行于抛物线轴线的辐射都会被反射到点 F 上，这就是焦点。由图 2-2-5 可知：

$$\psi = 2\beta$$

给出的抛物线的一般表达式定义了一条无限延伸的曲线，太阳能聚光器使用这条曲线的截断部分，截断的范围通常由边缘角 ψ 或焦距与孔径的比值 f/a 来定义，曲线的比例（大小）是根据孔径宽度 a 或焦距 f 等线性尺寸来确定的，这在图 2-2-6 中很明显，图中显示了具有共同焦点和相同孔径宽度的各种限定的抛物线。

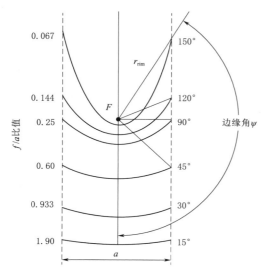

图 2-2-6　具有共同焦点 F 和相同
开口的抛物线段

可以看出，边缘角较小的抛物线相对平坦，焦距相对于孔径宽度较长，一旦选择了抛物线曲线的特定部分，曲线的高度 h 可以定义为从顶点到抛物线开口孔径的最大距离，根据焦距和孔径宽度，抛物线的高度 h 为

$$h = \frac{a^2}{16f}$$

以同样的方式，可以用抛物线的尺寸来表示边缘角 ψ，即

$$\tan\psi = \frac{\dfrac{a}{f}}{2 - \dfrac{1}{8}\left(\dfrac{a}{f}\right)^2}$$

理解太阳能集热器另一个属性是抛物线的弧长 s，其计算公式为

$$s = \int_{-\frac{a}{2}}^{\frac{a}{2}} \sqrt{1 + \left(\frac{x}{2f}\right)^2}\, \mathrm{d}x = \frac{a}{2}\sqrt{1 + \frac{a^2}{16f^2}} + 2f\ln\left(\frac{a}{4f} + \sqrt{1 + \frac{a^2}{16f^2}}\right)$$

抛物线具有上述的这些性质，如果它们由反射光的材料制成，在抛物线上的任何一点，平行于抛物线的轴线入射光线将被反射到其焦点上。相反地，从焦点处的点光源产生的光被反射出平行光束，声音和其他形式的能量也会产生相同的效果，这种反射性质是抛物线的许多实际应用的基础。抛物线的这些性质经常被用于物理、工程和许多其他领域，槽式和碟式太阳能集热器即为其应用之一。

有以下两种方法使用抛物线来设计三维的抛物面镜：

（1）如图 2-2-7 所示，在二维 $x-y$ 平面上添加第三维 z 轴，抛物线可以在 z 方向被拉长，形成一个抛物线槽，在这种情况下，焦点也就被拉长成一条焦点线，将辐射聚焦在一条直线上。

（2）抛物线可以绕 y 轴旋转，从而产生一个碟式抛物面，它将辐射聚焦在一点上。

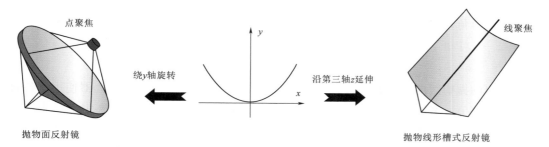

图 2-2-7　聚光抛物面镜的点聚焦（左）和线聚焦（右）

二、抛物线槽

1. 抛物线槽的几何参数描述

为了从几何上描述一个抛物线槽，必须确定抛物线、抛物线被镜面覆盖的部分以及槽的长度。以下四个参数通常用于描述抛物线槽的形式和大小：槽长度 l、焦距 f、开口宽度 a 和边缘角 φ（即光轴与焦点和镜子边缘连线之间的角），如图 2-2-8 所示。

（1）焦距 f。即焦点到抛物线顶点的距离，是一个决定抛物线的参数，在上述抛物线的数学表达式 $y = \dfrac{1}{4f} x^2$ 中，焦距 f 是唯一的参数。

开口宽度 a 不变时不同焦距下的抛物线形状如图 2-2-9 所示。

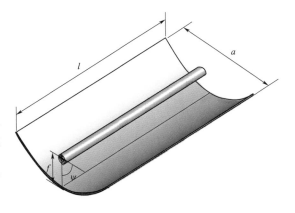

图 2-2-8　描述抛物线槽形式和大小的四个参数
l—槽长度；f—焦距；a—开口宽度；φ—边缘角

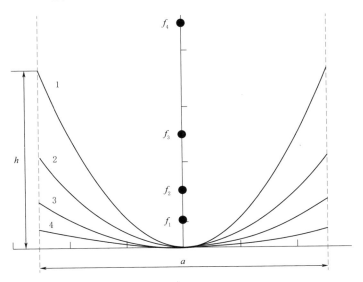

图 2-2-9　开口宽度 a 不变时不同焦距下的抛物线形状

（2）边缘角 φ。边缘角即光轴与焦点和与镜面边缘连线线之间的夹角，它有一个特点，就是单独决定了抛物线槽的截面形状，这意味着具有相同边缘角的抛物线槽的截面在几何上是相似的，通过均匀缩放（增大或缩小），可以使一个具有给定边缘角的抛物线槽的截面与另一个具有相同边缘角的抛物线槽的截面相等。

在边缘角、开口宽度和焦距三个参数中有了两个，就足够完全确定抛物面槽的截面，即形状和大小，这也意味着其中两个足够用来计算第三个，边缘角 φ 可表达为开

口宽度与焦距之比的函数，即

$$\tan\varphi = \frac{\dfrac{a}{f}}{2 - \dfrac{1}{8}\left(\dfrac{a}{f}\right)^2}$$

边缘角与 $\dfrac{a}{f}$ 值的关系如图 $2-2-10$ 所示。

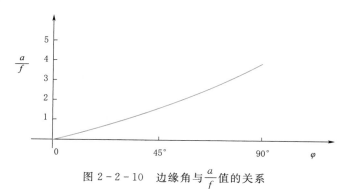

图 $2-2-10$ 边缘角与 $\dfrac{a}{f}$ 值的关系

开口宽度与焦距的比值也可以表示为边缘角的函数，即

$$\frac{a}{f} = -\frac{4}{\tan\varphi} + \sqrt{\frac{16}{\tan^2\varphi} + 16}$$

2. 几何参数在实际抛物线槽中选定

（1）边缘角度既不能太小也不能太大，边缘角与镜面的不同部分与焦点线之间的距离有关。选取了固定开口宽度，其关系如图 $2-2-11$ 所示。

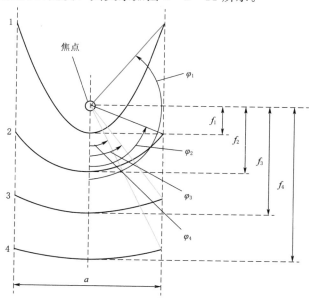

图 $2-2-11$ 当开口宽度恒定时焦距与边缘角的关系

边缘角是集热器的一个非常重要的构造特性，它会影响聚光比和每米集热管上的总辐照度（W/m），从定性上讲，一定存在一个理想的边缘角范围，边缘角既不能太小，也不能太大。如果边缘角很小，那么反射镜就会很窄，很明显，更宽的反射镜（边缘角度更大）会增强投射到吸收管上的能量。

如果边缘角很大，那么从镜子外部反射的辐射路径就会很长，镜子外缘部分反射的光线路程太远，光束扩散太大，降低聚光比。

（2）如果考虑有一定程度的几何误差的真实反射镜，那么保持一个较小的距离也很重要，因为这些反射镜误差的影响，与集热管的距离越大，由于镜面几何误差引起的辐射影像差越大。同样，在给定的开口宽度下，非常小的边缘角和非常大的边缘角意味着镜子和焦点线之间的距离很大，应该避免选择。

（3）经济方面的考虑。在边缘角很大，相对于镜面面积来说，外缘部分接收太阳辐射的能力很差，这意味着高投入低收益。

综上所述，这几个因素决定了边缘角的大小，实际应用中的抛物线槽的边缘角在80°左右。

大多数实际集热器的开口宽度为 6m 左右，与边缘角和开口宽度值相对应焦距约为1.75m，集热器模块单元长度在 12～14m 之间，有些集热器有较大的开口宽度（槽式），并有相应的不同焦距。

3. 槽式集热器的镜面面积和采光开口面积

除了上面提到的尺寸，表面积的也很重要。首先是采光开口面积，在给定集热器直接辐射辐照度和太阳位置的情况下，它决定了所接收的辐射。采光开口面积 A_{ap} 为开口宽度 a 与集热器长度 l 的乘积，即

$$A_{ap} = al \tag{2-2-1}$$

抛物线槽的表面积是决定所需材料的重要因素，面积计算公式为

$$A = \left[\frac{a}{2}\sqrt{1 + \frac{a^2}{16f^2}} + 2f \ln\left(\frac{a}{4f} + \sqrt{1 + \frac{a^2}{16f^2}} \right) \right] l \tag{2-2-2}$$

其他聚光几何结构并不是直接从所描述的抛物线聚焦特性推导出来的。

在此，可以再次区分点聚焦系统和线聚焦系统，塔式光热的定日镜场，由许多双轴跟踪太阳的平面镜组成，这样光线总是会照射到塔顶的接收区域；另外一个重要的线聚焦系统是菲涅耳集热器，这个名字来源于法国物理学家菲涅尔所发明的一种透镜，菲涅尔系统由许多长条形镜片组成，这些镜片单轴跟踪太阳，使光线总是聚集到位于焦线上的集热管上。

4. 理想抛物线槽的聚光比

下面介绍计算实际抛物线系统中焦点或焦线的理论最大聚光比的具体方法。先从抛物面碟式系统开始，随后应用到抛物线槽式系统，抛物面碟式系统的焦点处为平面接收器，抛物线槽式系统的是管状接收器，如图 2-2-12 所示。

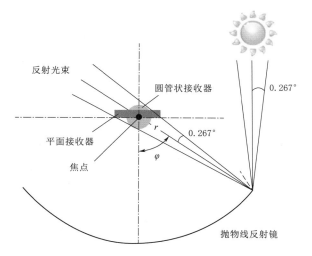

图 2-2-12　抛物线槽式系统中圆管状接收器

碟式抛物面镜的焦点平面上的太阳影像是一个模糊的圆斑状，这个模糊的圆斑状的总面积大小和形状取决于反射镜的宽度和边缘角度的范围。当太阳辐射入射到抛物面镜的顶点时，在焦点平面上拦截到的曲线是一个圆，反射点从顶点向边缘移动时，这个影像会从一个圆形转变为一个越来越长的椭圆形状（因为反射的太阳光束圆锥体会被焦平面以越来越大的角度切割）。

抛物面镜的焦点如图 2-2-13 所示，图中 a、b 为

$$a = r_r \alpha_D$$

$$b = \frac{r_r \alpha_D}{\cos\varphi}$$

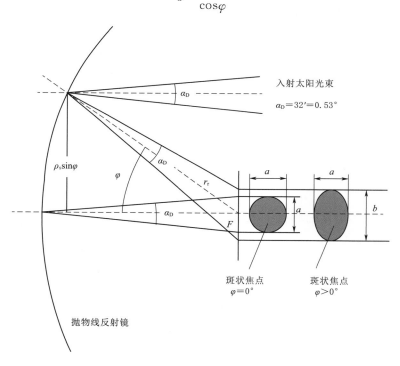

图 2-2-13　抛物面镜的焦点

考虑到距离焦点 F 的距离为 r_r 的所有点，焦点平面的太阳影像直径为

$$d_{im} = \frac{r_r \alpha_D}{\cos\varphi}$$

所有其他与 F 的距离小于 r_r 的太阳影像都落在这个圆内，可以断定这个圆表示了整个抛物面镜反射的太阳影像的总尺寸，太阳影像覆盖的区域为

$$A_{im} = \frac{\pi}{4} \frac{r_r^2 \alpha_D^2}{\cos^2 \varphi}$$

先考虑焦点平面上的平面接收器，也就是说针对碟式系统的平面接收器，抛物面镜的直径 d 与角度 φ 有关，即

$$d = 2\rho_s \sin\varphi$$

采光孔径面积为

$$A_{ap} = \pi r_r^2 \sin^2 \varphi$$

聚光比 C 为

$$C = \frac{A_{ap}}{A_{im}} = \frac{4}{\alpha_D^2} \sin^2 \varphi \cos^2 \varphi$$

太阳光束角 $\alpha = 32' = 0.5333° = 0.009308 \text{rad}$，可以计算出聚光比 C 为

$$C = 46200 \sin^2 \varphi \cos^2 \varphi$$

$\varphi = 45°$ 时的最大值为

$$C_{max} = 46200 \times 0.5 \times 0.5 = 11550$$

该值小于根据理想光学系统常数守恒定律得出的 46200 的理论聚光比，是因为这个定律是理论上考虑到聚焦成一个点时的最大值，上式为全部太阳影像的平均辐射聚焦，焦斑内的局部聚光比是变化的，因此理论最大的点状聚光比高于太阳影像的平均聚光比。

以上计算是针对碟式抛物线镜面的，对于长度为 l 的槽式抛物面反射镜，其采光孔径面积为

$$A_{ap} = 2l r_r \sin\varphi$$

聚焦后集热管平面内的太阳影像面积为

$$A_{im} = l \frac{r_r \alpha_D}{\cos\varphi}$$

对应的聚光比为

$$C = \frac{A_{ap}}{A_{im}} = \frac{2\sin\varphi \cos\varphi}{\alpha_D} = 215 \sin\varphi \cos\varphi$$

$\varphi = 45°$ 时的最大值为

$$C_{max} = 215 \times \frac{1}{\sqrt{2}} \times \frac{1}{\sqrt{2}} = 107.5$$

同样，该值小于根据理想光学系统常数守恒定律得出的理论聚光比，即前面讲到的 215，因为理论值是考虑到聚焦成一个点的最大值，而上式为全部太阳影像的平均辐射聚焦，焦斑内的局部聚光比是变化的，因此理论最大点状聚光比高于太阳影像的平均聚光比。

计算值只适用于指定的几何形状和理想的镜面，碟式抛物面镜的实际系统能够达到 2000～6000 的聚光比，实际槽式抛物线镜面能够达到 82 的平均聚光比。

反射镜的每个局部单元所产生的这些单独的椭圆形太阳影像叠加在一起，形成了不均匀的合成影像焦斑，有一个光的强度分布，焦斑上的辐照强度是不均匀的，在抛物面几何情况下，焦斑中心比外部部分有更高的辐照强度。更准确地说，辐照强度呈高斯分布，如图 2-2-14 所示，图像亮度本质上反映了能量通量密度。

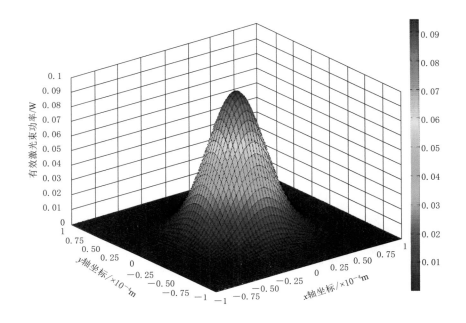

图 2-2-14　辐照强度高斯分布图

第三节　槽式集热器及其光学性能

一、槽式集热器模型

1. 抛物线集热器的组成

抛物线集热器（Parabolic Trough Collector，PTC）由一个槽形抛物面反射面（反射镜）、以反射面焦线为中心的接收器（集热管）组件和一个跟踪机构组成。集热管通常有两个组成部分（一个吸热管和一个玻璃管），集热器连续地跟踪太阳，将太阳辐射光线聚焦到吸热管表面，其表面被加热并将能量传递给流经它内部的传热流体，传递到流体中的热量为许多类型的实际能源应用提供能量，如图 2-3-1 所示。

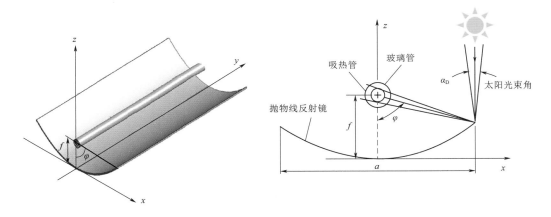

图 2-3-1 抛物线集热器组成示意图

2. 太阳带

在大多数太阳能光热系统中，包括抛物线槽式系统，所用材料的光学性质与温度无关，因此，光学和热学两种分析可以完全独立进行，从而简化了分析过程。

地球上适宜于建造太阳能光热电厂的区域是所谓的太阳带，在南北半球的纬度在15°~40°之间，这包括中东和北非，纳米比亚和南非、伊朗、阿富汗、巴基斯坦、印度的沙漠地区，俄罗斯和西方的一些南部国家、中国西部、澳大利亚、美国西南大部分地区、墨西哥北部、智利北部、玻利维亚和阿根廷等地区。太阳带之间的热带地区通常被排除在外，因为高空气湿度和频繁的多云。高于40°纬度的地区也不被考虑，原因主要有三个方面：第一，高纬度地区总体上具有多云的特点，这大大减少了全年直接辐射小时数；第二，高纬度地区的特点是季节辐射变化幅度大，这意味着能量产出变化幅度大；第三，辐射入射角很大，导致更大的余弦损失。因而，太阳辐射总是以一定的角度入射到集热器反射镜上的，如图2-3-2所示。

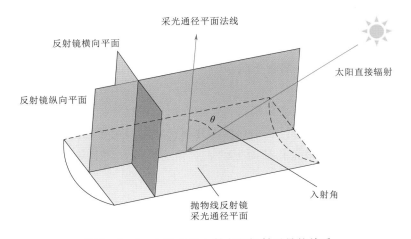

图 2-3-2 入射角与入射太阳辐射通量的关系

太阳入射角是指太阳光线与表面法线之间的夹角,如图2-3-2所示。图2-3-2显示了太阳辐射如何直接到达集热器的采光通径平面,以便正确地反射到集热管上,PTC的位置必须使太阳辐射向量、集热器焦线和垂直于集热器通径平面法线在同一平面上。图2-3-2中所示的两个向量定义的角度即入射角,它影响入射太阳辐射通量在PTC通径平面上的可用量,入射角度越小,入射太阳辐射通量被反射后在集热管中转化为有用的热能越多。由于太阳辐射的漫射在地球表面没有特定的方向,这部分太阳辐射对于PTC来说是无用的,因为它不能被集中器反射到接收管上。

二、槽式集热器的光学效率和拦截率

1. 光学损失

在抛物线槽式集热器中,光学损失也称为光损耗,是一个非常重要的概念,因为它约占射入集热器采光通径平面的太阳辐射总通量的25%。光损耗与以下四个参数相关,如图2-3-3所示。

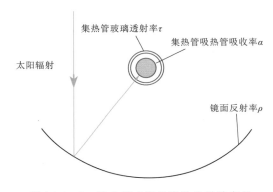

图2-3-3　影响槽式集热器的光学效率的几种参数

（1）集热器反射镜面的镜面反射率 ρ。由于抛物线槽反射镜的反射率总是小于1,并非全部的入射太阳辐射被反射到集热管上去,典型的洁净的镀银玻璃镜面的反射率值约为0.93。

（2）集热管玻璃透射率 τ。不锈钢吸热管位于玻璃管内,以减少热损失,由反射镜反射到集热管玻璃管上的一部分太阳直接辐射无法穿透玻璃而被吸收,穿过玻璃管的辐射与玻璃管上的总入射辐射之比称为透射率,在玻璃管外壁上增加抗反射涂膜后的透射率能够达到0.96。

（3）集热管吸热管吸收率 α。这个参数量化了到达其外表面的总辐射被吸热管吸收的能量,对于涂有选择性涂层的吸热管,这个参数通常为0.95。

（4）拦截率 γ。定义为集热管所截获的辐射与抛物面镜面反射出的辐射的比率。

2. 光学效率

光学效率为集热管吸收的太阳辐射与镜面反射向集热管的辐射的比值,光学效率取决于所涉及组件的材料光学特性、集热器的几何形状以及集热器的结构所产生的各种缺陷。当太阳辐射在集热器采光孔径面上的入射角为0°时,将这四个参数相乘,可得到槽式集热器的峰值光学效率,即

$$\eta_{\text{opt},\theta=0°} = \rho\tau\alpha\gamma$$

峰值光学效率包含4个光学参数,它清晰地表示了入射角 $\theta=0°$,集热器没有任何几何结构精度上的光学损失,且集热器组件绝对洁净,到达集热器采光通径面的太阳辐

射最终被集热管吸收的百分比，峰值光学效率通常在 0.74～0.79 之间。

当入射角为 $\theta > 0°$时，进一步导致了光学效率的降低，入射角越大效率降低越多，因此，引入了入射角修正系数 $K(\theta)$ 来综合这项影响。入射角 $\theta > 0°$时的光学效率可表达为

$$\eta_{\text{opt},\theta\neq0°} = \rho\tau\alpha\gamma K(\theta)$$

当入射角 $\theta > 0°$时，在以下三个方面影响着集热器的光学效率。

（1）反射镜和集热管的光学特性参数发生变化。反射镜的反射率、玻璃管的透射率和吸热管的吸收率会随着入射角的增大而降低，导致光学效率的下降。

（2）对拦截率的影响。入射角越高，太阳光从镜子到集热管的路径就越长，路径越长，太阳光的反射影像宽度就越大，有部分就超出了集热管的直径，不能被拦截到，从而降低了拦截率。

（3）末端损失的影响。入射角大于零意味着集热器的末端产生了损失，在一端，辐射到最后一面镜子上的反射辐射错过了吸收管；而在另一端，集热管的一部分没有被反射辐射照到，未被照亮的集热管长度取决于焦距和入射角。影响集热器的末端损失的主要因素如图 2-3-4 所示。

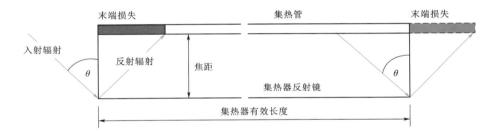

图 2-3-4　影响集热器的末端损失的主要因素

入射角修正系数 $K(\theta)$ 表示了入射角 $\theta > 0°$时，所产生的除了余弦效应 $\cos\theta$ 之外的所有影响，给定入射角 θ 时的入射角修正系数定义为

$$K(\theta) = \frac{\eta_{\text{o},\theta\neq0°}}{\eta_{\text{o},\theta=0°}}$$

图 2-3-5 所示为几种集热器的入射角修正系数。入射角修正系数直接与入射角有关，通常由一个多项式方程给出，例如 LS3 集热器的入射角修正系数计算公式为

$$K(\theta) = 1 - 2.23073 \times 10^{-4}\theta - 1.10000 \times 10^{-4}\theta^2 - 3.18596 \times 10^{-6}\theta^3$$
$$- 4.85509 \times 10^{-8}\theta^4 \quad (0° < \theta < 80°)$$

$$K(\theta) = 0 \quad (85° < \theta < 90°)$$

需要注意的是，余弦效应和入射角修正系数是独立的两个概念。

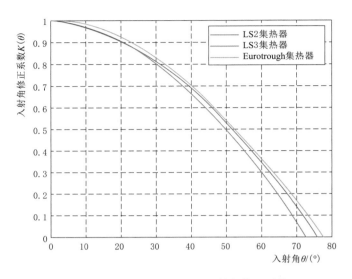

图 2-3-5　几种集热器的入射角修正系数

3. 集热器的拦截率 γ

在确定抛物线槽式集热器的光学效率时，最复杂的参数就是拦截率，它的值取决于集热管的直径大小、抛物面镜的表面角向误差和太阳光束的扩展宽度。由于反射镜面的微观缺陷和集热器形状的宏观缺陷（如组装和安装产生的精度缺陷）、集热器的机械变形、旋转膨胀机构和集热管支架的遮挡等因素，反射镜反射出去的一部分太阳直接辐射不能到达集热管的有效接收表面。所有上述参数要么导致一些光线以错误的角度反射，要么遮挡了一些反射光线的反射。

所有这些影响都用拦截率 γ 来量化表示，拦截率定义为被集热管拦截到的辐射通量 I_{in} 与从反射镜面反射向集热管的入射辐射通量 I_b 之比，即

$$\gamma = \frac{I_{in}}{I_b}$$

根据 Bendt 和 Rabl 所建立模型计算，集热管所拦截到的太阳辐射通量，是通过集热器的接收角函数与太阳的有效辐射密度分布函数卷积计算得出的，即

$$I_{in} = \int_{-\infty}^{\infty} \mathrm{d}\theta f(\theta) B_{eff}(\theta)$$

其中 $f(\theta)$ 是一个纯粹的几何量，它取决于集热器的结构，即集热器的边缘角 ψ、采光开口宽度 a 和集热管直径 d，它表示来自入射角 θ 的辐射有多少被反射到了集热管。辐射被反射到集热管以后的损失，是用反射率、透射率、吸收率（ρ、τ、α）去计算的。

$B_{eff}(\theta)$ 表示了辐射强度 $[W/(m^2 \cdot rad)]$，它包含了太阳形状和所有的光学误差的影响，对于线聚焦集热器，解析式为

$$B_{eff}(\theta) = \frac{I_b}{\sigma_{tot} \times \sqrt{2\pi}} \exp\left(-\frac{\theta^2}{2\sigma_{tot}^2}\right)$$

于是得出拦截率为

$$\gamma = \frac{I_{in}}{I_b} = \int_{-\infty}^{\infty} d\theta f(\theta) B_{eff}(\theta) / I_b = \int_{-\infty}^{\infty} d\theta f(\theta) \frac{1}{\sigma_{tot} \times \sqrt{2\pi}} \exp\left(-\frac{\theta^2}{2\sigma_{tot}^2}\right)$$

总的光束扩展量 σ_{tot} 是由所有光学误差 $\sigma_{optical}$ 与太阳角向宽度 $\sigma_{sun,line}$ 的组合，对于线聚焦集热器，由于太阳在垂直于跟踪轴的平面上的投影，$\sigma_{sun,line}$ 以一个 $1/\cos\theta$ 的系数变化，因此总光束宽度为

$$\sigma_{tot}^2 = \sigma_{optical}^2 + \left(\frac{\sigma_{sun,line}}{\cos\theta}\right)^2$$

4. 集热器的光学误差分析

根据相关物理定律，反射的两种极限情况是全半球漫反射和由反射定律描述的理想镜面反射（入射角等于出射角），相关的反射率值命名为半球反射率和镜面反射率。反射材料的表面平滑度对这些参数的特性至关重要，一个理想光滑的镜面将会在镜面反射率以内收集所有的反射光束。由于实际的集热器的几何形状和集热管的接收性能存在一些难以避免的偏差（包括集热器的几何形状、跟踪、太阳形状等），这些偏差可以导致反射的辐射偏离理想方向，但我们期望的是在集热器边缘处反射太阳辐射都能够被集热管拦截到，也就是期望图 2-3-6（b）中的半接收角 φ 不大于某一个值。因为导致光束扩散是集热器的光学误差，这些误差包括集热器的安设镜面误差、集热管位置误差、跟踪误差、几何结构误差以及集热器的扭转等，所以进行集热器的光学误差分析是十分重要的。

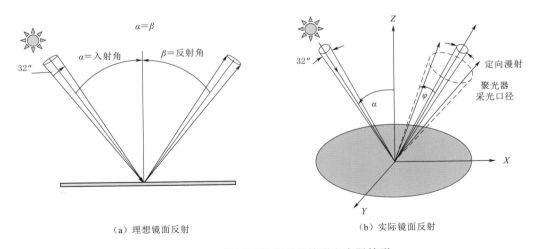

（a）理想镜面反射　　　　　　　　　（b）实际镜面反射

图 2-3-6　镜面反射的理想情形和实际情形

5. 集热器反射镜

集热器反射镜是一个关键组件，必须满足高质量的要求。除了反射镜形状的构造精度外，反射材料本身必须具有对太阳辐射的高镜面反射率和在长期环境影响下反射性能的一致性。在太阳能槽式光热应用中，其目的是将超过 95% 的入射阳光汇集到集热管

上，这就要求反射镜具有非常高的太阳光谱镜面反射特性。然而，微小缺陷的镜面质量会导致镜面反射光束轮廓的展宽，表面的微结构会导致漫射散射发生。目前最典型的抛物线槽式集热器，如广泛使用的类似 Eurotrough 的 LS-3 型几何形状的集热器，其采光通径宽度为 5.76m，集热管直径为 70mm，聚光比为 82，在抛物线槽的顶点处，接收角为 40mrad，在槽的边缘，接收角为 24mrad，这是因为从集热器的外边缘到集热管的距离较长，如图 2-3-7 所示。

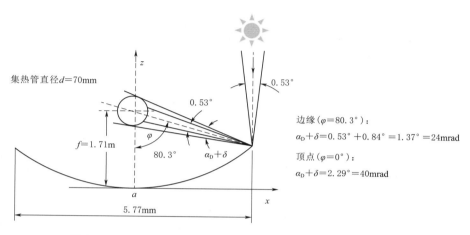

边缘($\varphi=80.3°$)：
$\alpha_D+\delta=0.53°+0.84°=1.37°=24mrad$
顶点($\varphi=0°$)：
$\alpha_D+\delta=2.29°=40mrad$

图 2-3-7　LS-3 型几何形状集热器的太阳光谱镜面反射特性

为分析简单起见，先考虑一个理想的情况，即太阳为点光源，没有大气效应，在制造和运行上没有误差，也没有光学损失。在这种理想情况下，来自太阳的中心光线沿图中的箭头方向入射，光线会从槽上的一点反射到抛物线的焦点，入射光和反射光的强度分布都是一样的，分析计算集热管上的光分布和确定拦截率就很简单了，如图 2-3-8 所示。

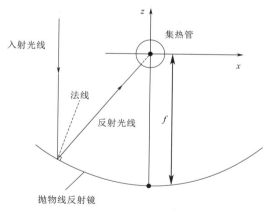

图 2-3-8　理想状态下集热器的光反射

来自太阳的辐射强度取决于它来自太阳的哪个位置，因此在可见的太阳圆面上存在着不均匀的光强度分布，这种强度的变化是可以直接观察到的，而且可能是由于太阳大气的复杂机制和地球大气的大气散射的相互作用造成的。由于大气散射作用，特别是在有雾天气条件下，扩散得到了扩大，反射表面的散射将进一步改变太阳辐射的强度分布。

6. 抛物线槽式集热器中可能遇到的潜在误差类型

前面讲过，太阳与地球的距离是有限的，太阳是一个有着有限尺寸的圆面，因此太阳直接辐射有一个角度扩展，扩展角称为太阳光束角，它等于 $\alpha_D=32'=0.53°$。由于太阳圆面的尺寸，到达地球表面的太阳光线不是平行光，而是有一个锥角的光束。

另外，即使不考虑太阳的光束角，来自太阳圆面中心的中心射线也可能由于集热器镜面的各种误差或太阳跟踪误差而偏离理想的反射方向，反射光线的确切方向是未知的。图 2-3-9 给出了抛物线槽式集热器中可能遇到的各种类型潜在误差的示意图，这些误差包括：

（1）镜面微观缺陷和反射材料缺陷。包括镜面制造微观缺陷、表面粗糙度、划痕、反射材料的非理想反射性等。

（2）反射镜轮廓和局部形状偏差。包括镜面轮廓偏离抛物线、镜面波浪形、变形、结构误差等。

（3）集热器对正和跟踪偏差。包括跟踪误差、集热器模块间的对正偏差、集热器运行中的扭转等。

（4）集热管位置偏差。集热管支撑结构的位置偏差、集热管的弯曲等。

（5）太阳轮廓和辐射密度的非均匀分布。

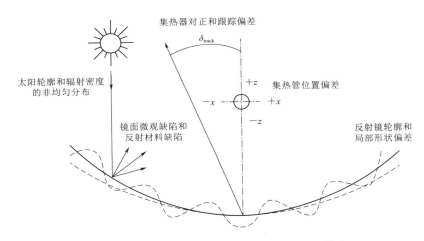

图 2-3-9 抛物线槽式集热器潜在光学误差描述

导致抛物线槽式集热器各种缺陷或误差的可能原因见表 2-3-1。

表 2-3-1　　　　　导致抛物线槽式集热器各种缺陷或误差的可能原因

序号	工　序	导致的缺陷或误差的可能原因
1	材料选取	镜面反射材料的非理想反射性（光扩散）
2	组件制造	（1）镜面制造微观缺陷、表面粗糙度、划痕。 （2）镜面的局部表面波纹状，可能是由于制造过程中造成的
3	集热器模块制造	金属结构制造误差导致的反射镜的形状偏离抛物线形
4	集热器安装	（1）安装导致的镜片偏离理想位置。 （2）集热管与理想焦线未对正。 （3）集热器模块单元间的对正误差

序号	工 序	导致的缺陷或误差的可能原因
5	运行	(1) 跟踪设备质量差可能会导致跟踪误差。 (2) 集热器运行一段时间后可能会产生跟踪偏差。 (3) 风荷载、温度等因素的影响，可能会产生或增加集热器的轮廓误差。 (4) 由于风化或灰尘累积，反射率可能会随着时间的推移而下降。 (5) 热膨胀引起的集热管变形或者反射镜轮廓偏差的增加，导致有效焦线位置的改变

7. 与反射镜面有关的误差

下面重点讨论与反射镜面有关的误差。反射镜是由带有反射层的曲面玻璃板安装在支撑结构上组成的，玻璃板的厚度较小，安装在支撑结构上构成一个截面为抛物线的反射镜。但是，要构成一个理想状态的抛物线形状是不可能的，反射镜的镜面总是有微观的波浪形状，宏观的偏离抛物线形状也是可能的。支撑结构的制造误差也会导致局部或整体偏离抛物线形状，所有这些因素都可能使实际的镜面形状偏离理想的抛物线形状。最后，所述反射面可能具有由粒状结构和条纹状结构组成的微观缺陷，所有这些因素都会导致在集热管上聚光后的太阳影像的扩散，但它们可以表征为3种基本独立的反射面误差模式，如图2-3-10所示。实际的平均面偏离理想面，使有效焦距发生偏移；局部斜率误差主要取决于实际波状面与平均值的偏差，其产生的方向偏斜近似为实际波状表面与表面平均值之间的角向偏差的2倍，如图2-3-10（a）所示。最后，由粒状结构组成的小尺度结构可以被描述为一种材料属性，即反射材料的非理想反射性（即扩散性），图2-3-10（b）所示为坡度误差与反射镜面误差的区别，图2-3-10（c）所示为坡度误差与非理想反射性的区别。

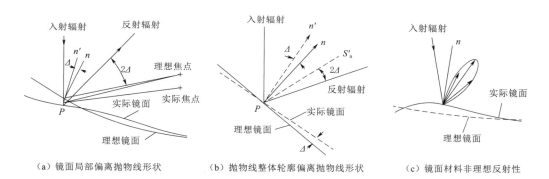

（a）镜面局部偏离抛物线形状　　（b）抛物线整体轮廓偏离抛物线形状　　（c）镜面材料非理想反射性

图2-3-10　抛物线反射镜表面误差示意图

根据反射定律，镜面反射点偏离理想位置使反射法线偏转理想位置一个角度，将导致反射辐射光线的2倍偏转，由于槽式集热器的集热管与反射镜一起转动，跟踪误差、集热管的位置误差和集热器的扭转误差不会产生这样的结果，镜面材料的非理想性也不会，只有当形状和位置误差出现在镜面上而不是集热管上时才会出现2倍的系数。

导致光束扩散的总误差 σ_{tot} 是所有光学误差 σ_{optical} 与太阳角向宽度 $\sigma_{\text{sun,line}}$ 的组合，假设集热器的所有光学误差都是统计独立的，可以用高斯分布来描述，当用时间平均整个集热器或太阳岛这是合理的。一般来说，造成太阳能集热器光学误差的因素有：集热器的几何形状误差、非理想的光学参数、跟踪误差和集热管的变形和位移，由于以时间来平均整个集热器和太阳岛，不存在主要的非高斯分布因素，统计的中心极限定理表明，所有单个误差的卷积得到的分布也近似高斯分布，即

$$\sigma_{\text{optical}}^2 = 4\sigma_{\text{contour}}^2 + \sigma_{\text{specular}}^2 + \sigma_{\text{tracking}}^2 + \sigma_{\text{displacement}}^2$$

根据反射定律，镜面反射点偏离理想位置使反射法线偏转理想位置一个角度，将导致反射辐射光线的 2 倍偏转，所以 σ_{contour} 要乘以 2。

目前应用最为广泛的 EuroTrough 型集热器的几何聚光比 $C = 82$，边缘角 $\varphi = 80.3°$，其典型计算结果如图 2-3-11 所示，拦截率随着总光束扩展量 σ_{tot} 的增加而降低。

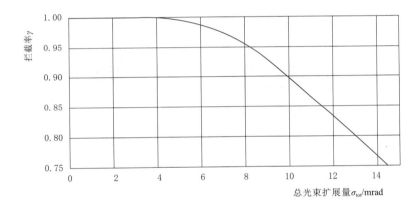

图 2-3-11 拦截率与总光束扩展量的函数关系

随着先进测量技术的发展，还可以进行更详细的评估。镜片支撑导致的误差 σ_{support}、集热器结构载荷或扭转导致的误差 σ_{torsion} 以及集热器模块之间的对正误差 $\sigma_{\text{alignment}}$ 可以分别考虑，即

$$\sigma_{\text{optical}}^2 = 4\sigma_{\text{contour}}^2 + \sigma_{\text{specular}}^2 + 4\sigma_{\text{support}}^2 + \sigma_{\text{torsion}}^2 + \sigma_{\text{alignment}}^2 + \sigma_{\text{tracking}}^2 + \sigma_{\text{displacement}}^2$$

根据反射定律，镜面反射点偏离理想位置使反射法线偏转理想位置一个角度，将导致反射辐射光线的 2 倍偏转，所以 σ_{contour} 和 σ_{support} 要乘以 2。

表 2-3-2 以 EuroTrough 型集热器为例，总结了 3 种情况的典型光学误差值所导致的总光束扩展量和拦截率值，高质量集热器的两个示例，分别是只对镜片形状进行改进（高质量 1）和同时改进的镜片形状和集热器结构（高质量 2）。在所有情况下，镜面轮廓误差 σ_{contour} 对总光束扩展量 σ_{tot} 的影响是最显著的，如果提高镜面形状精度，使其形状轮廓减少 0.5mrad，则拦截率增加 1.3 个百分点，如果同时改进镜片形状和集热器结构，则能够提高 2.7 个百分点。

表 2 - 3 - 2　　　三种情况的典型光学误差值所导致的总光束扩展量和拦截率值

参　数	标准质量 σ_{in}/mrad	高质量 1 σ_{in}/mrad	高质量 2 σ_{in}/mrad
镜面轮廓误差 $\sigma_{contour}$	2.5	2	2
镜面材料 $\sigma_{specular}$	0.2	0.2	0.2
镜片支撑 $\sigma_{support}$	1.6	1.6	1
集热管位移 $\sigma_{displacement}$	2	2	1.5
集热器扭转 $\sigma_{torsion}$	1	1	1
集热器模块对正 $\sigma_{alignment}$	2	2	1.5
跟踪 $\sigma_{tracking}$	2	2	1
太阳 σ_{sun}	3.5	3.5	3.5
总光束扩展量 σ_{tot}	7.8	7.2	6.2
拦截率 γ	96.0%	97.3%	98.7%

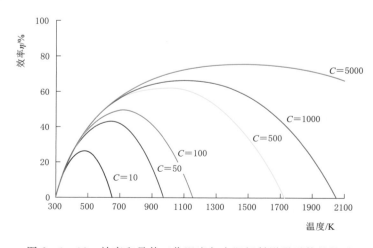

图 2 - 3 - 12 所示为抛物线槽式光热发电站的效率和最佳工作温度与太阳辐射增强系数的关系。

图 2 - 3 - 12　效率和最佳工作温度与太阳辐射增强系数的关系

第三章

槽式光热电站

一、槽式光热发电技术的发展历程

1913 年，英国人和美国人在埃及建造了一个 45kW 的槽式太阳能抽水站用于灌溉，水泵由蒸汽马达驱动，蒸汽马达接收来自抛物线槽式集热器产生的蒸汽，所使用的抛物线槽式集热器长度为 62m，孔径宽度为 4m，总采光面积为 1200m²，这个系统每分钟能抽出 27000L 的水。尽管该工厂取得了成功，但由于第一次世界大战的爆发，以及燃料价格的下降，使得该抽水站于 1915 年被关闭。

由于化石燃料价格的上涨，人们对抛物线槽式技术的兴趣直到 1977 年才再次上升，1983 年，美国南加州爱迪生公司与 Luz 国际公司建造了被称为太阳能发电系统 SEGS Ⅰ和 SEGS Ⅱ 的槽式光热电厂，在 1985 年和 1986 年开始运行，随后推动了 SEGS Ⅲ 到 SEGS Ⅸ 的发展，最初，电厂的规模被限制在 30MW，后来增加到 80MW，总共建造了 9 座电站，总发电量为 354MW。直到今天，这些电厂仍在继续运行，所积累的建设和运行经验推动抛物线槽式技术向前迈进了一大步，并为进一步的技术发展和项目规划提供了基础。

2008 年欧洲第一个商用抛物线槽式电厂西班牙的 Andasol Ⅰ 电厂投入运行，同样容量的 Andasol Ⅱ 电厂和 Andasol Ⅲ 电厂相继投产发电。Andasol 电厂是第一批具有大型储热系统的 CSP 电厂，具备 7.5h 的满载储热能力，在夏天，发电厂几乎可以一天 24h 运转。近十多年以来，许多新的抛物线槽式电厂建成发电，这些项目大多位于美国或西班牙，在中东、北非、印度、南非和澳大利亚等地区和国家有许多槽式电厂建成投产或在建设中。

2014 年由中国科学院电工研究所牵头承担的"十二五"国家 863 项目，1MW 槽式太阳能热发电试验项目在延庆八达岭中科院电工所太阳热发电试验园区开工建设，2017 年成功试运行。

2016 年，国家能源局正式发布了《国家能源局关于建设太阳能热发电示范项目的通知》（国能新能〔2016〕223 号），共 20 个项目入选中国首批光热发电示范项目名单，总装机容量约为 1.35GW，包括 9 个塔式电站，7 个槽式电站和 4 个菲涅尔电站。

2018 年 10 月 10 日，我国首个大型商业化光热示范电站——中广核德令哈 50MW 槽式光热示范项目正式投运，我国由此成为世界上第 8 个掌握大规模光热技术的国家。中广核德令哈 50MW 槽式光热示范项目位于青海省海西自治州德令哈市，占地 2.46km²，相当于 360 多个标准足球场的面积，采用了槽式导热油集热技术路线，配套 9h 熔融盐储热，太阳岛集热器由 25 万片共 62 万 m² 的反光镜、11 万 m 长的真空集热管、跟踪驱动装置等组成。储热岛的熔融盐储罐直径达 42m，是亚洲最大的熔融盐储热罐，当夜间或光照不足时，存储的热量可以继续发电，实现24h连续稳定发电，对地区电网的稳定性起到极大的改善作用。中广核德令哈50MW槽式光热示范项目主要技术指标如表3-1-1所示，图3-1-1所示为中广核德令哈50MW槽式光热示范项目的集热器现场照片。

表3-1-1　　　　中广核德令哈50MW槽式光热示范项目主要技术指标

指标名称	技术数据	指标名称	技术数据
直接辐射辐照度（DNI）	2157kW·h/(m²·a)	太阳岛集热面积	621300m²
回路数量	190回	储热能力	1300MW·h
各回路集热器组合数量	4组	汽汽轮机能力	55MW

图3-1-1　中广核德令哈50MW槽式光热示范项目的集热器现场照片

二、槽式光热电厂的结构和工作模式

1. 槽式光热电厂的结构

抛物线槽式光热电厂适用于功率在10～300MW范围内大规模使用，可在不改变电网结构的情况下替代常规火电厂。由于可以选择蓄热，CSP电厂的汽轮机也可以在太阳辐射较低的时期和夜间发电，按照计划的时间表和保持电网稳定的方式可靠地提供电力。

槽式光热电厂的结构可分为三大组成部分，为区别火力发电厂的分场或车间叫法，将每一个部分都称为"岛"，即太阳岛、传热储热岛和常规岛，如图3-1-2所示。能量转换步骤就是在各自的"岛"内组件中实现的，抛物线槽式集热器和跟踪系统是关键的聚光设备。集热管把辐射能转换成热能，传热介质和储热器是热能的载体，蒸汽发生器具有将热能转化为气体介质的压力能的功能，这是通过水的蒸发来实现的。冷却系统的目标是完成液体/气体循环，将蒸汽转化为水，汽轮机把蒸汽中的压力能转化为转动能。最后由发电机将转动能转化为电能，供电网使用。图3-1-2所示的槽式光热电厂系统流程图清晰地显示了上述所提到的电站的主要组成部分，并将它们与它们在能量转换链中的各自位置联系起来，形成系统流程。

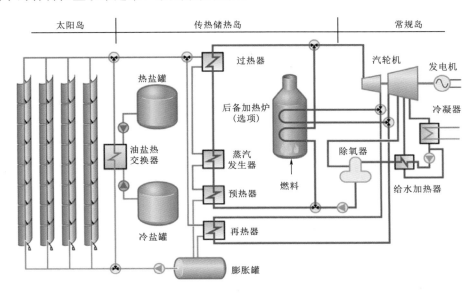

图 3-1-2　槽式光热电厂系统流程图

2. 抛物线槽式电厂的工作方式

电厂的总体效率取决于所使用的换热流体的最高工作温度，最常用的油基传热流体的工作温度最高可达 400℃。进一步提高工厂效率的一项关键创新是使用可运行温度高达 550℃ 的传热流体，如熔融盐或直接蒸汽。

太阳岛是聚光太阳能热发电（CSP）系统的主要部分，它由许多反射器组成，反射和收集太阳辐射的特定的区域被称为热收集单元。在这里产生了高温，而高温又通过热传递流体（HTF）流动。HTF 被阳光加热到 400℃ 以上，然后根据运行模式流向动力岛或热能储存系统。

汽轮发电机部分和常规火电厂基本相同，抛物线槽式电厂的最大优越性就是能继续保留汽轮发电机这一行业的产能，不至于因为推广新能源而凋零。

三、槽式光热电厂的储能

1. 槽式光热电厂的能量储存系统的优势

当太阳照射到地球表面的时间随时间变化时，如昼夜变化、季节变化、日变化和天气变化，槽式光热电厂的能量储存系统具有缓冲作用，通过存储，提高了能源供应的安全性，在一些太阳能光热电厂中，储能系统提供的能量足够在太阳下山后运行数小时，例如中广核德令哈 50MW 槽式电厂配置了 9h 容量的储能系统。

当设计了足够规模的热能储存系统和化石燃料后备系统时，CSP 技术提供了稳定的容量，并可按需供电，而其他可再生能源技术如光伏和风能只能提供波动供电。一些地区没有其他可按需提供电力的重要可再生能源技术资源，当可再生能源发电份额达到总发电量的 35％以上时，CSP 作为可调度的可再生能源发电技术，能够填补光伏和风电发电的空白，成为关键因素。

在使用热能储存和化石燃料后备系统时，CSP 电厂可以作为基础负荷电厂运行，这是一个优势，这对于海水淡化很重要，因为海水淡化厂需要在基础负荷模式下运行。然而，没有热能储存和化石燃料后备系统的 CSP，与 PV 相比没有优势，这是因为 CSP 技术比 PV 更复杂，而且不像 PV 那样容易模块化扩展。

2. 显热和潜热

物体在加热或冷却过程中，温度升高或降低而不改变其原有相态所需吸收或放出的热量，称为显热。显热能使人们有明显的冷热变化感觉，通常可用温度计测量出来，所以叫显热。在物体吸收或放出热量过程中，其相态发生了变化，但温度不发生变化，这种吸收或放出的热量叫潜热。潜热不能用温度计测量出来，人体也无法感受到，但可通过实验计算出来。饱和蒸汽在放出热量后，一部分水蒸气会变成液态水，而此时饱和蒸汽温度并不下降，这部分放出的热量叫潜热。

3. 太阳能热电厂的热能储存类型

目前，太阳能热电厂中应用的热能储存类型，可分为以下 4 大类：

（1）显热蓄热系统。

1）间接储热系统。当使用太阳岛的传热介质直接储热不现实时，那么包含在初始传热介质中的热能可以被转移到另一种适宜的储热材料中，这种储热方式称为间接存储热系统。

2）直接储热系统。

（2）潜热存储。

（3）蒸汽蓄电池。

（4）热化学储存系统。

4. 槽式太阳能热发电双罐式熔融盐间接储热

槽式太阳能热发电双罐式熔融盐间接储热是目前应用最为广泛的间接技术。双罐式熔融盐间接储热系统是一种以硝酸盐为基础的可用于商业应用的技术，这种储能形式主要应用于抛物线槽式电厂，图 3-1-3 所示为槽式电厂储能盐罐。

（1）收集器的接收器携带温度稳定的合成油 HTF，被加热到 400℃，在换热岛中 HTF 产生的热量传递到蒸汽循环中，产生的蒸汽驱动汽轮机，汽轮机又驱动发电机发电，由于存储介质不同于 HTF，因此使用了热交换器，从而将 HTF 产生的热量用于存储。

（2）间接储存系统包括两个罐，包括一个热盐罐和一个冷盐罐。一座 50MW 的槽式电厂大约要使用 28500t 熔融盐，熔融盐由 60％硝酸钠（$NaNO_3$）和 40％硝酸钾（KNO_3）组成，允许电厂在日落后的最高负荷运转 7.5h，在夏天，汽轮机几乎可以一天 24h 运转。

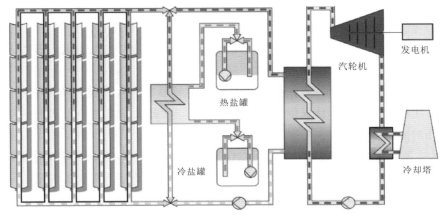

（a）工作原理流程图

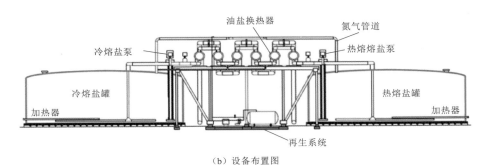

（b）设备布置图

图 3-1-3 槽式电厂储能盐罐

（3）白天，来自集热器的导热油输送到蒸汽发生器，同时还通过油盐热交换器将热量传递到储能循环，储热时，熔盐从冷盐罐被泵送到过热交换器，冷盐在热交换器上被加热到额定温度，然后被泵送到热盐罐。在夜间或太阳辐照度低的时候，熔盐从热盐罐通过热交换器泵入冷盐罐，在热交换器中，熔盐将热量传递给合成油。加热后的合成油通过锅炉产生蒸汽。

（4）电厂控制系统保证熔融盐的温度不低于 293℃，必要时采用电加热的方式防止熔融盐凝固，熔融盐在大约 220℃ 的温度下会发生凝固。

四、槽式光热电厂的太阳能倍率

为了实现较长时间的标称功率输出，太阳岛通常设计的比较大，这种超出标称功率输出的程度用太阳能倍率来表示，其定义为太阳能场产生的热功率与汽轮机设计点所需的功率块的比率。这是设计阶段确定的主要参数，一个较小的太阳能场，成本更低，意味着只有在直接辐照度接近最大值的少数情况下才能达到额定功率。更大的太阳能场意味着更频繁地达到额定功率和电厂的能量输出增加。但是，更大的太阳能场更昂贵，而且可能在极好的辐射条件下弃能。太阳能场的最佳尺寸可以定义为一个非常大的太阳能场和一个非常小的太阳能场之间的经济最优。

　　存储的第一个要求是必须有多余的能量来存储，这是通过过大的收集器场来实现的，在没有储能的电厂中，通常太阳能倍率 $S_M=1.4$，设计有储能的电厂需要 $S_M>2$。

　　选择较大的太阳岛还有另一个优势。法向直接辐射（DNI）在一天中是不断变化的，中午达到最大值。然而，汽轮机的目标是恒定的最大容量运行，要实现这一目标，太阳岛需要在中午之前很早就提供同等的能量容量，因此太阳岛在早晨和下午晚些时候提供了额外的能量容量，在一个没有储能的 CSP 电厂，多余的能源需要在太阳能高峰时弃能。加大太阳能倍数的好处是，电厂可以在早晨就以满负荷运行，并可以在下午的后期继续以满负荷运行。太阳能倍率和存储容量有直接关系，相对于汽轮机的额定功率较大的太阳岛需要更大的储能容量，太阳能倍率和储热容量之间的关系如图 3-1-4 所示。

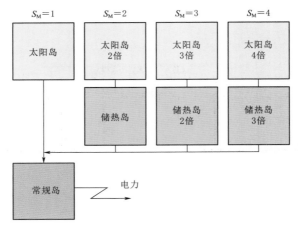

（a）太阳岛集热倍率与储热规模

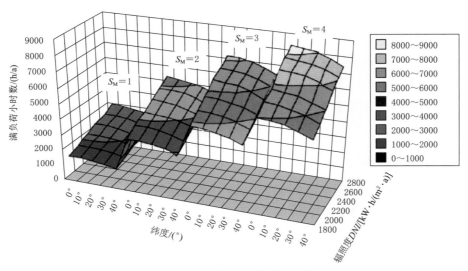

（b）太阳岛集热倍率与常规岛的年发电小时数

图 3-1-4　太阳能倍率和储热容量之间的关系

存储系统还可以帮助弥补瞬态云遮和补偿其他弱辐射条件，即动力岛在满载条件更长时间地运行，而在部分负荷条件下更少地运行，这有助于达到更高的电厂效率。此外，储能允许电厂可以根据需要发电，这对发电厂运营商来说很重要，因为可以在高峰需求时产生电力。如果在各自的电网中采用高峰电价，就可以获得更高的收益，对于电网运行本身来说，这也很重要，因为按需发电的能力有助于稳定电网，如果更多的电能是由波动的能源（光伏和风能）产生的，而技术却无法平衡这些波动。带蓄热系统的抛物线槽式电站可以平衡发电，并且可以根据需要发电，尽管它们依赖于不稳定的太阳辐射条件。

第二节　槽式光热电站与电网的匹配

一、槽式光热电站的负荷

对一座槽式光热电站来说，电力系统希望其蓄热的可能性允许在不同的负荷需求情况下提供电力，即满足基础负荷、中等负荷和高峰负荷的需求。槽式光热电站根据所选择的供电任务、汽轮机容量、太阳岛大小和储能大小要进行适当的匹配，当一个太阳岛大小固定后，就意味着在所考虑的配置下所产生的电力是恒定的。

1. 基础负荷电厂

抛物线槽式电站作为基础负荷电厂，需要一个非常大的存储容量，这使得可以在没有太阳辐射的情况下更长时间地发电。这就要求汽轮机容量很小，因为电力是连续产生的，也就是说，发电分布在很长运行时间内。槽式光热电站作为基础负荷电厂时储热容量示意图如图 3-2-1 所示。

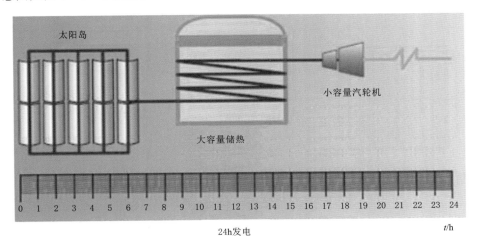

图 3-2-1　槽式光热电站作为基础负荷电厂时储热容量示意图

2. 中间负荷电厂

由于在较短的运行时间内所需的储能源较少，因此在日间运行的中间负荷电厂只需要少量储存容量，汽轮机必须大于满足基本负荷时的配置。因为电能产生的时间比在基本负荷发电厂要短，由于储能容量小，中等负荷低谷电厂的投资成本低于基础负荷电厂，在抛物线槽式电站中，具有这些特性的电厂一般具有最低的电力成本。槽式光热电站作为中等负荷电厂时储热容量示意图如图 3-2-2 所示。

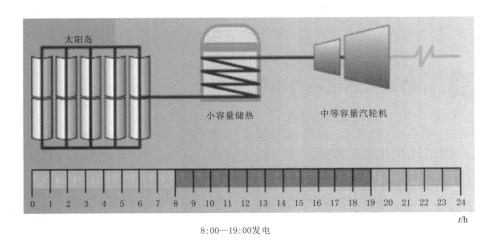

图 3-2-2　槽式光热电站作为中间负荷电厂时储热容量示意图

用作延时中间负荷的槽式电站可储存大部分收集的太阳能，尽管它们在相同的时间内分配发电，汽轮机有相同的中等容量，像前面的配置，但存储容量必须更大，以允许发电少时有较少的太阳能输入。槽式光热电站作为延时中间负荷电厂时储热容量示意图如图 3-2-3 所示。

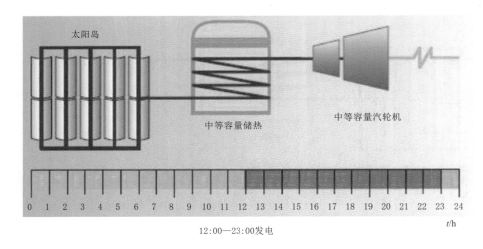

图 3-2-3　槽式光热电站作为延时中间负荷电厂时储热容量示意图

3. 调峰负荷电厂

调峰负荷发电厂只能运行几个小时，因此它需要一个大型涡轮机，发电集中在很短的时间内。此外，存储容量必须很大，因为需要大量的太阳能输入以便在短时间内转换为电能，峰值负荷配置意味着最高的电力成本。槽式光热电站作为调峰负荷电厂时储热容量示意图如图 3－2－4 所示。

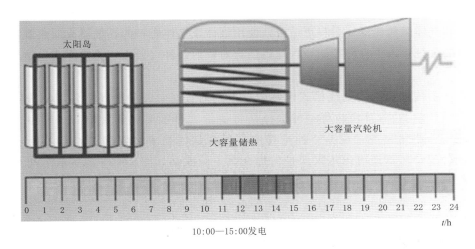

10:00—15:00发电

图 3－2－4　槽式光热电站作为调峰负荷电厂时储热容量示意图

二、槽式光热电站的互补发电

1. 混合互补

混合互补（Hybridisation）一般是指将不同的能量转换技术组合在一个系统中，在抛物线槽式电厂的情况下，混合互补是由抛物线槽式集热器提供的热能与其他来源的热能的结合，这些其他来源是燃料，其热能通过燃烧提供。有以下三种不同的混合互补方式：

（1）抛物线槽式电站配备燃油备用加热器。抛物线槽式光热电站配备燃料和燃烧燃烧器，用于额外的蒸汽过热。将抛物线槽式太阳能场集成到燃烧型发电厂，为燃料型发电厂增加了太阳能部分的热量。

（2）化石燃料后备加热。如果非储热太阳能电厂（Solar Only）的抛物线槽式电厂没有配置储能系统，那么它们就只能在太阳直接辐射可用时发电，这意味着电厂的产能系数相当低，在辐射条件有利的地点，抛物线槽式电厂每年只能达到大约 2000h 满负荷小时。增加容量因数的一种可能性是将热存储器集成到电站中，另一种实现更高能源利用率的可能性是将燃油后备锅炉和可以部分或全部替代太阳能加热的加热器集成在一起。除了能更好地利用动力岛外，互补还能有助于稳定电网，因为它们减少了电能梯度或使其可控，它们可以弥合断断续续的云遮，平衡昼夜发电，还可以根据需要发电。此外，如果更频繁地以额定功率运行电厂，备用加热器可以提高动力岛的效率。

　　此外，混合互补技术还可促进处于地球阳光带生产石油和天然气的国家快速推广太阳能光热发电技术。

　　赤道 40°以内的阳光带国家太阳能资源丰富，长期平均年太阳直接正射总量主要分布在阳光带的 5 个区域，这些国家和地区包括地中海和北非、南非、中国、印度、拉丁美洲和澳大利亚。

　　不同类型的燃料可以用于后备燃烧系统，如天然气、煤炭、生物燃料、废物等。然而，液体和气体燃料比固体燃料更适合，使用液体或气体燃料的燃烧器或加热器比使用固体燃料的系统可以更容易控制，因此更适合对辐射条件（云遮）的快速变化做出快速反应。

　　将后备系统集成到抛物线槽式电站中有不同的选择，一种选择是备用加热器直接加热蒸汽循环中的水/蒸汽；另一种选择是将备份加热器集成到太阳岛循环中，它加热太阳能场的传热介质。在第一种选择中，后备是独立于太阳岛的，第二种选择的优点是，后备加热器还可以用来保护传热介质不被冻结，图 3-2-5 显示了两个集成选项。

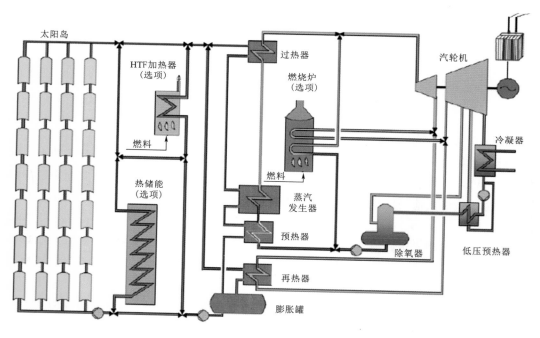

图 3-2-5　将后备系统集成到抛物线槽式电站中两种不同的选择

　　将燃烧型后备加热器集成到抛物线槽式电站类似于集成蓄热系统，在这两种情况下，动力岛利用率可以提高，可以根据需要产生电力，储热和备用加热器两者的结合是完全可能的，一个相应的基础负荷发电厂的功率管理如图 3-2-6 所示。

　　（3）化石燃料过热加热。如上所述，以导热油为传热流体的抛物线槽式电厂的蒸汽温度仅为 380℃左右，限制了动力岛的效率，提高动力岛效率的可能性是集成一个额外

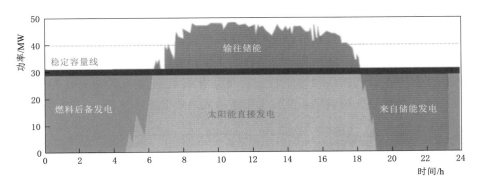

图 3-2-6 基础负荷发电厂的功率管理

的燃油过热器。这是阿拉伯联合酋长国的 Shams 1 电厂（100MW）的情况，与燃油后备相反，额外的过热器将在阳光充足的时间内持续运行，将蒸汽温度提高至 540℃。

2. 综合太阳能联合循环系统（Integrated Solar Combined Cycle Systems，ISCCS）

前面所述的配置是 CSP 电站与燃料为基础的补充加热，相反的情况也可以，即以燃烧为基础的热电厂与额外的太阳能加热，最重要的电站配置是太阳能光热集成在联合循环燃气发电厂，这种电站被称为综合太阳能联合循环系统。目前，在阿尔及利亚、澳大利亚、埃及、伊朗、意大利和美国等国家都有 ISCCS 项目。

在目前的系统中，有两种可能将太阳的热量输送到蒸汽循环中。一种可能是利用太阳能进行蒸发，并在热回收蒸汽发生器中进行过热，如图 3-2-7 所示。

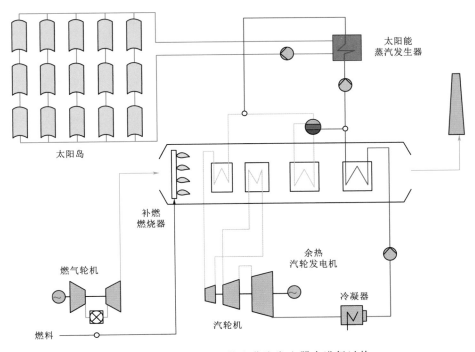

图 3-2-7 利用太阳能在蒸汽发生器中进行过热

另一种可能是将太阳能蒸汽发生器独立于余热回收蒸汽发生器并联运行，如图 3-2-8 所示，将两个蒸汽发生器的蒸汽组合成一个蒸汽流供给汽轮机，太阳能蒸汽发生器并联运行的缺点是太阳能蒸汽不能达到与余热回收系统产生的蒸汽相同的高温。因此，在较高的太阳能比例下，蒸汽循环效率可能会降低，化石燃料的转换效率可能会降低。此外，汽轮机运行在部分负荷期间，没有太阳能输入造成的效率下降。

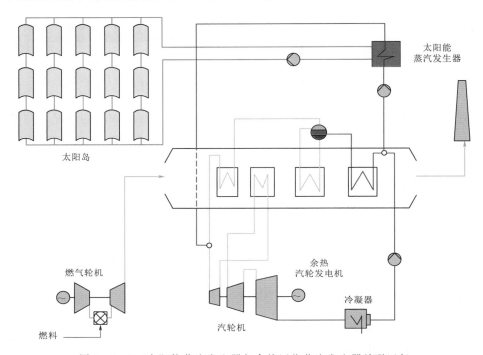

图 3-2-8 太阳能蒸汽发生器与余热回收蒸汽发生器并联运行

第四章

槽式光热电站太阳岛

第一节　集热器

一、集热器的几何结构

集热器是抛物线槽，它的横截面具有抛物线的一部分形状，更确切地说，它是围绕其顶点的抛物线的对称部分。

抛物线槽有一条焦线，它由抛物线截面的焦点组成，辐射光线与光学平面平行入射，反射后会穿过焦点线。光学平面是指包含槽式抛物线截面光轴的平面。

为了从几何上描述一个抛物线槽式，必须确定抛物线、抛物线被镜面覆盖的部分以及抛物线槽式的长度。

如前所述，通常用参数槽长 l、焦距 f、槽宽 a、边缘角 φ 来描述抛物线槽式的形式和大小，如图 4-1-1 所示。

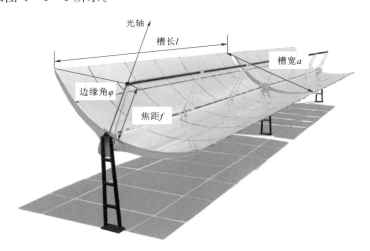

图 4-1-1　集热器的几何参数

抛物线的解析表达式为

$$y = \frac{1}{4f}x^2$$

式中　f——焦距，即抛物线顶点到焦点的距离，是一个完全决定抛物线的参数（在上述抛物线的数学表达式中，焦距 f 是唯一的参数）。

图 4-1-1 中 φ 为边缘角，即光轴在焦点与镜面边缘之间的线之间的夹角，具有一个有趣的特点，它单独决定了抛物线槽式的截面形状，这意味着具有相同边缘角的抛物线槽式的截面在几何上是相似的。通过均匀缩放（增大或缩小），可以使一个具有给定边缘角的抛物线槽式的截面与另一个具有相同边缘角的抛物线槽式的截面相等。如果只

对集热器横截面的形状感兴趣，而对绝对尺寸不感兴趣，那么它就足以表明边缘的角度。

三个参数中有两个足够完全确定抛物面槽式的截面，即形状和大小。这也意味着其中两个足够用来计算第三个。

真正的抛物线槽式的边缘角在 $80°$ 左右。

大多数实际集热器的采光孔径宽度为 $6m$ 左右，焦距约为 $1.71m$，模块长度在 $12\sim14m$ 之间。线性聚焦集热器的最大平均聚光比为 107.5，实际系统的最大几何聚光比为 82。

二、集热器的承重支撑结构

1. 对抛物线槽的承重支撑结构的要求

抛物线槽的承重支撑结构应能保证反射镜片在正确的位置，并保证其结构稳定性，同时保证精确的太阳跟踪。为了满足这些功能，结构必须满足一些施工要求，特别是对刚度的要求是非常高的。因为任何与理想抛物线形集热器形状的偏差都会导致系统的光效率损失，重要的是抛物线槽式不能因为自重或风荷载而产生变形，采光孔径区面积很大，因此产生的风荷载相当大，集热器必须能承受这些负荷，并且只有非常小的几何偏差。

此外，较大的刚度可以使集热器更长，立柱和跟踪单元的数量可以减少，从而可以降低成本。例如 SBP 联合一些公司和机构开发的 Ultimate Trough 槽式集热器单元模块长度达到了 $24m$，开口为 $7.5m$，集热器总成为 $240m$，由一套跟踪驱动机构驱动。

刚度必须与轻型结构相结合，允许使用较小的基础和跟踪驱动机构，一个较轻的结构也不容易因为自重导致变形。此外，轻型结构减少了对集热器跟踪的动力需求，因为抛物线槽式电厂的厂用电与其他电厂相比是相当高的，最重要的两个耗电之一是跟踪驱动系统，另一个是传热流体的泵送系统。

很明显，一个合适的支撑结构应该涉及低材料和制造成本，必须考虑到太阳岛是抛物线槽式电厂中最昂贵的部分，约占太阳岛占总成本的 30%，这意味着太阳岛的成本控制对电厂的总成本有重要影响。

2. 抛物线槽的承重支撑结构组件

集热器的承重结构一般由以下组件构成：

（1）反射镜片的支撑结构，由主体框架结构和悬臂组成；

（2）集热管支架，用以支撑保持集热管位于集热器的焦线位置；

（3）集热器支撑立柱，包括驱动立柱、中间立柱、端部立柱和地基部分。

3. ET-150 集热器的金属结构构成

图 4-1-2 所示为 ET-150 集热器的支撑结构组件。ET-150 集热器主体结构单元模块如图 4-1-3 所示。

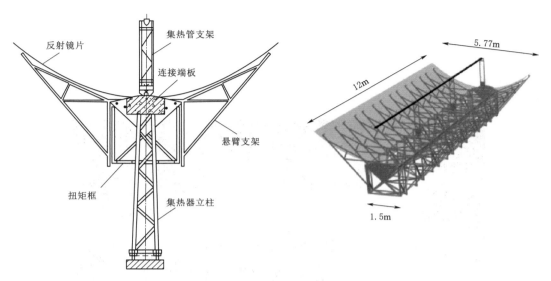

图 4-1-2 ET-150 集热器支撑结构组件

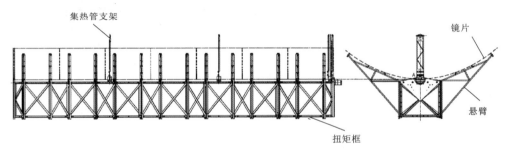

（a）集热器单元模块

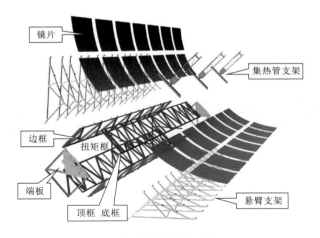

（b）集热器单元模块的分解示意图

图 4-1-3 ET-150 集热器主体结构单元模块

　　集热器单元模块是在施工现场组装而成的，组件从生产制造厂运输到施工现场的专用组装车间，使用专用的工装和夹具将组件组合成集热器单元模块，在检测合格后被运输到现场，最后安装组合成集热器总成，每四个集热器总成构成一个回路。

　　图 4-1-4 所示为集热器单元模块在组装车间的组装过程，图 4-1-5 所示为集热器在施工现场的安装施工过程。

图 4-1-4　集热器单元模块在组装车间的组装过程

图 4-1-5　德令哈 50MW 槽式光热电站 ET-150 集热器现场安装施工过程

　　ET-150 集热器使用一个横断面积为 1.5m×1.4m 的空间桁架来实现刚性支撑结构，也被称为扭矩框，由 4 片平面桁架和斜撑、端架进行铆接组成。扭矩框两侧有 14 个悬臂，为 28 面镜子提供支撑点，集热器单元模块是在装配夹具上现场制造的，ET-150 集热器由 6 个集热器模块分别连接在驱动立柱的两侧，即集热器组件包含 12 个集热器单元模块。

不同厂家的集热器的支撑结构设计和参数见表4-1-1。

表4-1-1 不同厂家抛物线槽式集热器的支撑结构设计和参数

序号	厂 家	图 示	结构设计参数
1	Luz LS-3		（1）宽体空间结构。 （2）SCE长度：12m。 （3）SCE宽度：5.76m。 （4）每SCA由8个SCE构成。 （5）SCA长度：100m
2	EuroTrough ET-150		（1）扭矩箱。 （2）SCE长度：12m。 （3）SCE宽度：5.76m。 （4）每SCA由12个SCE构成。 （5）SCA长度：150m
3	SENERtrough		（1）扭矩管。 （2）SCE长度：12m。 （3）SCE宽度：5.76m。 （4）每SCA由12个SCE构成。 （5）SCA长度：150m
4	Skytrough		（1）铝质空间结构。 （2）SCE长度：13.9m。 （3）SCE宽度：6.0m。 （4）每SCA由8个SCE构成。 （5）SCA长度：115m

序号	厂　家	图　　示	结构设计参数
5	ENEA		(1) 扭矩管。 (2) SCE 长度：12.5m。 (3) SCE 宽度：5.76m。 (4) 每 SCA 由 8 个 SCE 构成。 (5) SCA 长度：100m
6	Solargenix		(1) 铝质空间结构。 (2) SCE 长度：12m。 (3) SCE 宽度：5.77m。 (4) 每 SCA 由 12 个 SCE 构成。 (5) SCA 长度：150m
7	Abengoa E2		(1) 钢质空间结构。 (2) SCE 长度：12m。 (3) SCE 宽度：5.76m。 (4) 每 SCA 由 10 个 SCE 构成。 (5) SCA 长度：125m
8	HelioTrough		(1) 扭矩管。 (2) SCE 长度：19m。 (3) SCE 宽度：6.78m。 (4) 每 SCA 由 10 个 SCE 构成。 (5) SCA 长度：191m

序号	厂　家	图　　示	结构设计参数
9	Ultimate Trough		（1）扭矩箱。 （2）SCE 长度：24m。 （3）SCE 宽度：7.5m。 （4）每 SCA 由 10 个 SCE 构成。 （5）SCA 长度：240m
10	SENERtrough		（1）扭矩管。 （2）SCE 长度：13.2m。 （3）SCE 宽度：6.87m。 （4）每 SCA 由 12 个 SCE 构成。 （5）SCA 长度：160m
11	Skytrough		（1）铝质空间结构。 （2）SCE 长度：13.9m。 （3）SCE 宽度：6.0m。 （4）每 SCA 由 8 个 SCE 构成。 （5）SCA 长度：115m
12	LAT 73		（1）铝质空间结构。 （2）SCE 长度：12m。 （3）SCE 宽度：7.3m。 （4）每 SCA 由 16 个 SCE 构成。 （5）SCA 长度：192m

续表

序号	厂　家	图　　示	结构设计参数
13	Solargenix		(1) 铝质空间结构。 (2) SCE 长度：12m。 (3) SCE 宽度：5.77m。 (4) 每 SCA 由 12 个 SCE 构成。 (5) SCA 长度：150m
14	Abengoa （SpaceTube®）		(1) 钢质空间结构。 (2) SCE 长度：16m。 (3) SCE 宽度：8.2m。 (4) 每 SCA 由 10 个 SCE 构成。 (5) SCA 长度：160m

三、反射镜

1. 反射镜的结构

抛物线槽式集热器是槽式太阳能热发电技术的关键组成部分，其抛物线形反射镜将太阳光聚焦在一条位于抛物线焦点的线上，位于焦线上的集热管吸收汇集的太阳辐射，并将其转化为热能，聚光太阳能技术的主要原理之一是基于镜面的反射。

欧洲槽或类似设计的 RP3 反射镜集热器单元模块长度为 12m，宽度 5776mm，由于所覆盖的抛物线不同部分的弯曲不相同，由 2 个尺寸为 1700mm×1641mm 内镜和 2 个尺寸为 1700mm×1501mm 外镜构成的抛物线几何形状形成。4 片分布在宽度上，7 片分布在长度上，每个单元模块包含 28 个镜片，镜片一般为 4mm 厚的浮法玻璃板，上面有 4 个陶瓷片，每个陶瓷片粘在反射镜的背面，用于安装到集热器金属支撑结构上。欧洲槽 ET-150 集热器反射镜镜片如图 4-1-6 所示。

反射镜由低铁浮法玻璃制造，玻璃背面涂有一层银色反射层，第二层为铜涂层，另外三层涂层用于保护银不受环境应力的破坏和腐蚀。抛物面反射镜的制造过程包括浮法玻璃的切割、边缘加工、弯曲、光学层以及固定元件的固定。

建立镜面抛物线形状有两种方法：浮法玻璃板压弯法和重力下垂弯曲法。浮法玻璃

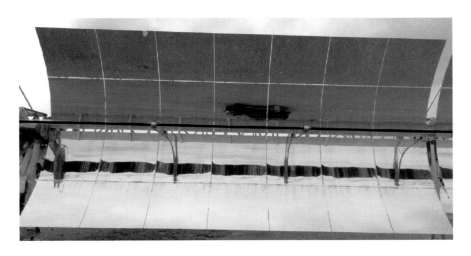

图 4 - 1 - 6 欧洲槽 ET - 150 集热器反射镜镜片

面板加热到玻璃转变温度以上时，玻璃从熔体变为固体状态，重力下垂弯曲法是在自重下垂到所需的形状。浮法玻璃板压弯法采用外凹模对玻璃板进行压弯。

反射镜占抛物线槽式电厂投资的相当大一部分，人们正在努力寻找可降低太阳能发电成本的替代材料。20 世纪 90 年代，NREL 公司开发了一种镀银聚合物薄膜作为太阳能反射材料，其商业名称为 ReflecTech，ReflecTech 是一种可滚动的反射膜，可应用于任何光滑的非多孔材料。ReflecTech 是由多个聚合物层和反射银层，与玻璃镜子相比，ReflecTech 具有相当大的经济优势，可加快镜片的制造过程和集热器的装配过程，柔性面可以放在一个抛物线形导轨上，镜子的优点是不易破损。Skyfuel 公司是 ReflecTech 技术的商业化公司，该公司表示镀银聚合物薄膜反射率可以达到 94%，如图 4 - 1 - 7 所示。

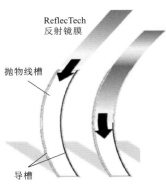

图 4 - 1 - 7 Skyfuel 公司的 ReflecTech 反射膜镜

2. 反射镜的形状精度

反射镜的形状精度会对太阳岛的效率产生影响，进而影响整个电厂的性能。反射镜的关键光学特性是太阳镜面反射率。为了达到高的光学效率值，镜面反射率必须很高，反射镜面形状必须尽可能地接近理想抛物线形状，必须有相当精确的位置和形状。表面的反射率是一个表示入射辐射被该表面反射的比例值，一般来说，不同波长的反射率是不同的，所以必须指定一个特定的波长或特定的波长范围，例如可见光范围。在太阳能应用方面，太阳光谱非常重要，考虑到太阳光谱中不同波长的能量含量不同，一般采用太阳加权反射率表示镜面所反射的太阳能比例。

3. 反射镜的质量评定

反射镜材料制造过程中产生的内应力、自重负荷和集热器运行角度都会影响镜面形状。在支撑结构上安装镜片的偏差包括悬臂架、镜片支撑件和镜片陶瓷垫块的位置和角向偏差，这些偏差都可能导致镜面形状不遵守理想的抛物线形状，如果太阳能集热器的反射表面偏离其理想形状的斜面，会导致反射光线错过接收器，但这也在一定的距离上取决于斜面偏差的大小。在几种光学误差中，特别是轮廓或反射法线偏差决定了（基于接收器的尺寸）入射光到达接收器的比例，以及通量如何分布，也就是影响到了拦截率。为了表征镜面板作为一个关键的集热器元件，有必要评估从理想抛物线形状的斜率的偏差量，从而导致反射光线偏离预设的焦点，因此有必要对镜面形状的影响进行评价。

实际面积单元的法线与理想曲面面积单元的法线之间的夹角，是反映曲面面积单元形状精度的度量，称为局部反射法线偏差或法线误差即 $sd=\alpha$，它通常以毫弧度（mrad）表示。通过将表面法线分别投影到 xz 平面和 yz 平面，如图 $4-1-8$ 所示，可分别计算收集器在聚光方向即横向（x）方向和非聚光方向即纵向（y）方向上的法线偏差，即

$$sd_i = \alpha_i = \gamma_i - \beta_i = \arctan\frac{n_{real,i}}{n_{real,z}} - \arctan\frac{n_{ideal,i}}{n_{ideal,z}} \quad (i = x, y)$$

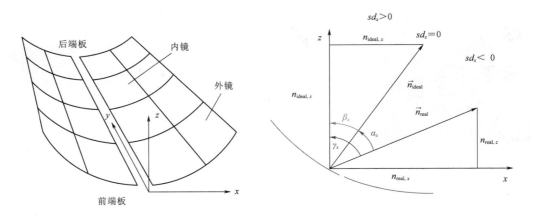

图 $4-1-8$　镜面反射法线偏差分析方法

将实际曲面法线相对于理想曲面法线向外旋转定义为正法线偏差值，向内旋转定义为负法线偏差值。根据定义，向外的方向指向抛物线槽的外边缘，向内的方向指向槽的中心。

x 方向的法线偏差最大，而 y 方向的法线偏差只有在太阳辐射的大入射角时才显著，对集热器性能的影响要低 10 倍。

局部法线偏差值的统计评价为整个镜面的形状精度提供了几个参数。局部法线偏差值的平均值表示反射面方向上的平均偏差角度，标准偏差是反射镜表面自身偏差的度量。均方根值给出了反射表面综合这两种影响的总偏差，均方根值可分别根据面积加权的局部法线在 x、y 方向上的偏差值计算，即

$$sd_x = \sqrt{\sum_{k=1}^{n} \left(sd_{x_k}^2 \frac{a_k}{A_{\text{tot}}} \right)}$$

$$sd_y = \sqrt{\sum_{k=1}^{n} \left(sd_{y_k}^2 \frac{a_k}{A_{\text{tot}}} \right)}$$

均方根值为实际镜面反射的法线偏差值（Slope Deviation），单位为毫弧度（mrad）。

由于法线偏差的最大允许值取决于反射面积元到焦点的距离，因此引入了反射光束偏离焦点的偏差（mm）作为表征镜面形状精度的进一步参数，局部聚焦偏移量由局部面积元法线偏差值 sd 和相应的反射面积元到焦点的距离 d 得到。例如在 x 方向为

$$FD_x = 2d sd_x$$

根据反射定律，法线偏差必须乘以 2，其中 y 方向偏差对集热器性能的影响要比 x 方向偏差小得多。

基于局部焦点偏差的均方根值是面积加权的反射光束角度偏差与镜面上对应投影面积为 a_i 的每个被测面积单元到焦点距离的乘积，即

$$FD_x = \sqrt{\sum_{i=1}^{n} \left(FD_{x_i}^2 \frac{a_i}{A_{\text{ges}}} \right)}$$

$$FD_y = \sqrt{\sum_{i=1}^{n} \left(FD_{y_i}^2 \frac{a_i}{A_{\text{ges}}} \right)}$$

为实际镜面反射的焦点偏差值（Focus Deviation），单位为毫米（mm）。

FD_x 和 FD_y 可以将相应评定镜面的反射法线偏差均方根值乘以两倍的平均焦距 d 值得到，即

$$FD_x = 2d sd_x$$

目前普遍应用的 RP3 反射镜的内镜片的平均焦距约为 1.84m，外镜片约为 2.48m。

局部焦点偏移值的平均值通常接近于 0mm，焦点偏移均方根值近似等于焦点偏移的标准差，焦点偏差 FD 的分布可近似为高斯标准分布，如图 4-1-9 所示。平均大约 68% 的反射镜面具有小于一个标准焦点偏差值的偏差，95% 的反射镜面小于 $2FD$，99.7% 的反射镜面小于 $3FD$，因此抛物面槽集热器的反射镜应达到比集热管半径低于

$3FD_x$ 的值，才能使绝大部分反射光束被集热管拦截到。对于目前安装 RP3 几何镜片的槽式集热器，普遍使用的直径为 70mm 的集热管，FD_x 的最低值应小于 12mm，当前商业化电厂的目标是 FD_x 小于 10mm。

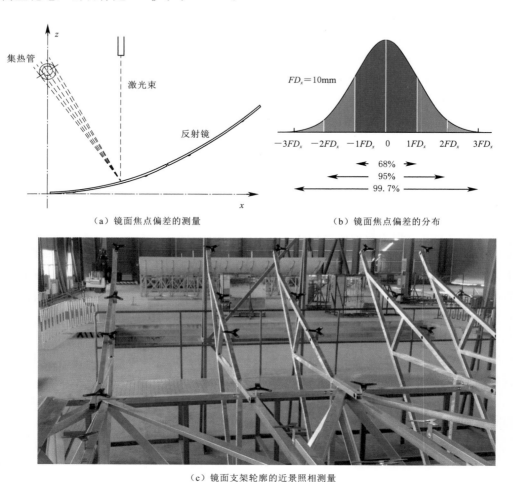

（a）镜面焦点偏差的测量　　　　　　　（b）镜面焦点偏差的分布

（c）镜面支架轮廓的近景照相测量

图 4-1-9　焦点偏差 FD 的分布

第二节　集热管

一、集热管组成

集热管是太阳能热发电系统的核心组件之一。典型的集热管由带选择性吸收涂层的金属内管（不锈钢内管）、同心玻璃外管、波纹管等部件组成，Schott PTR70 集热管如图 4－2－1 所示。槽式抛面镜或菲涅尔平面镜将太阳光反射聚焦至集热管上，加热其内部流动的工作介质，为产生蒸汽提供热源。

图 4－2－1　Schott PTR70 集热管

二、集热管必须满足的几何条件和物理条件

集热管必须满足以下几何条件和物理条件：

（1）反射的辐射必须照射到集热管表面，这意味着几何精度必须满足要求。

（2）辐射必须尽可能完全地转换成热能，并且在集热管表面的光学损失和热损失应尽可能小，为了达到这一目的，必须具有特殊的吸热涂层和保温措施。

三、集热管功能和参数

集热管的结构必须能满足辐射的高吸收和低热损的要求。集热管的结构如图 4－2－2 所示，集热管组件的功能见表 4－2－1，集热管的重要参数见表 4－2－2。

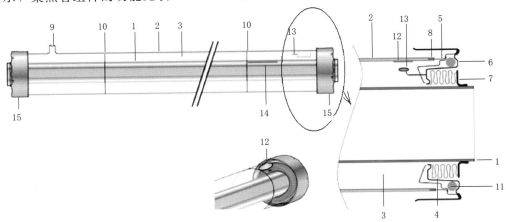

图 4－2－2　Schott PTR70 集热管的结构
1～15—见表 4－2－1

表 4-2-1 集 热 管 组 件 的 功 能

序号	组件	作用
1	不锈钢吸热管	传热流体流过不锈钢吸热管，吸收涂层将太阳辐射转换成热能，并同时将红外热损失降到最低
2	玻璃管	玻璃管由硼硅玻璃制成，并涂有抗反射膜以增加太阳透射率
3	真空腔	抑制热传导
4	波纹管	补偿不锈钢管与玻璃管的不同的热膨胀率
5	金属熔接环	与玻璃管熔接，并焊接到端部金属罩
6	端罩	金属熔合环与波纹管连接
7	中间连接环	波纹管的组成部分，连接不锈钢管和波纹管
8	玻璃-金属熔接	将玻璃管与金属熔接环连接起来，减少玻璃因热膨胀引起的张力，对机械冲击高度敏感
9	真空嘴	抽真空用，对机械冲击敏感
10	玻璃-玻璃熔接	两端玻璃短管，与中间长玻璃管熔接成一根完整的玻璃管
11	吸氢剂	传热流体降解后产生的氢气通过不锈钢管壁渗透到真空腔中，破坏真空腔的绝热性能，吸气剂用于吸附氢气
12	真空指示圆斑	此圆形斑点的颜色表示在集热管投入使用前的真空状态是否良好，集热管投用后，不再作为真空指示点使用
13	真空指示环	在集热管生产过程中，真空指示环内的物料受热蒸发，沉积在玻璃管上留下真空指示圆形斑点
14	序列号	每个集热管都有一个单独的序列号
15	防护罩	确保玻璃与金属密封在运输、安装和运行期间不受机械冲击

表 4-2-2 集 热 管 的 重 要 参 数

序号	参数名称	说明
1	玻璃管的透射率	为了降低热量损失，不锈钢吸收管外由玻璃管保护，玻璃体被抽真空，使对流和传导热损失进一步降低，由硼硅玻璃制成的玻璃管的太阳辐射透射率 $\tau \geqslant 96\%$，玻璃光外壁的特殊的防反射涂层保证了玻璃管的低反射率
2	不锈钢管的辐射吸收率	为了实现高的辐射吸收和低的辐射热损失，在可见光范围内的吸收率必须尽量高，在红外范围内的发射率必须尽量低，使用选择性涂层来实现这一目的。选择性涂层由金属陶瓷制成，是一种由嵌入在陶瓷基体中的金属纳米粒子组成的材料，集热管的吸收率 $\alpha \geqslant 95\%$
3	热辐射率	不锈钢管的热辐射率应尽量低，一般使用导热油时集热管辐射率 $\varepsilon \leqslant 10\%$，使用熔盐时 $\varepsilon \leqslant 10\%$

序号	参数名称	说　　明
4	热损失参数	热损失参数是以不同温度下的每米长度上的热量损失表示的，单位为 W/m。Schott PTR70 集热管的热损失性能如图 1 所示 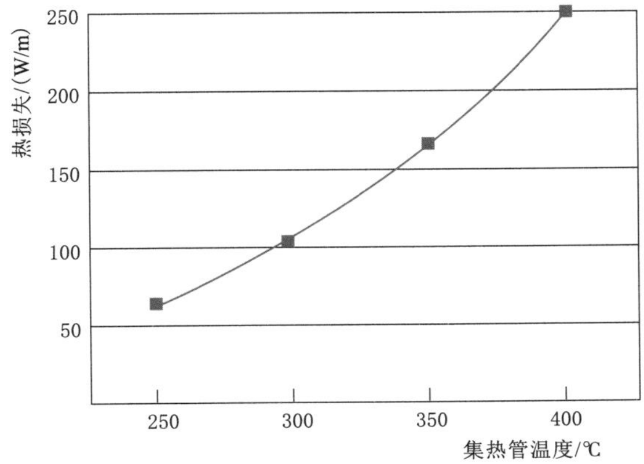 图 1　热损失与集热管温度的关系曲线图
5	拦截率	集热管必须有足够的直径以达到高的拦截率，拦截率是被集热管拦截到的反射辐射与总反射辐射之比。但另一方面，集热管的直径不能太大，以保持较低的热损失，因为直径大的集热管每米表面积大，比直径小的集热管损失的热量多。 为了达到尽量高的拦截率，集热管的直径取决于集热管到反射镜面的距离和太阳光束锥角，太阳光束角为 $32' \approx 0.267°$。由于这种光束角度，太阳在一个理想抛物线槽上的成像不是一维的数学线，而是二维的影像，从镜面反射的光线以相应的角度反射。反射镜与集热管之间的距离因反射镜的不同而不同，最大的距离是在镜面边缘和集热管之间，所以用抛物面镜的边缘角来确定集热管的直径。 图 2 所示为 ET－150 型集热器的一些参数，集热器开口宽度 5.76m，焦距为 1.71m，边缘角为 80°，安装有 Schott PTR70 集热管，由于太阳的半光锥角为 0.267°，在不考虑入射角影响的情况下，集热器设计所考虑到的光束半扩散角仅为 0.42°，超出这一角度范围的光线都不能被集热管拦截到，产生了光学损失 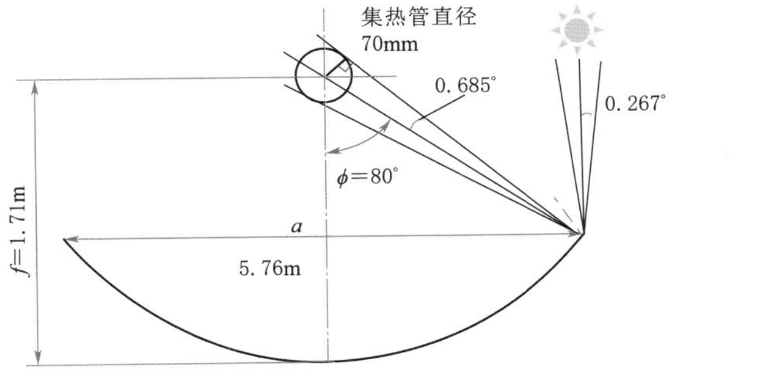 图 2　ET－150 型集热器几何参数

序号	参数名称	说　明
6	光损失	光损失产生于玻璃管和吸收管，玻璃管只有有限的透射率，所以一部分辐射被反射，另一部分被吸收。如前所述，抗反射涂层和高透明玻璃材料将损失降低到 4% 左右。吸收管只有有限的吸收率，因此入射辐射的另一部分在吸收管上反射。选择性涂料将这一损失降低到 5% 左右。因此，这些光损失的数量为 $1-96\% \times 95\% = 8.8\%$，这只考虑了集热管的有效接收表面上辐射损失，没有考虑总集热管表面积的影响。但是额外的光损失必须考虑在内，因为在集热管末端的波纹管和金属屏蔽减少了将近 4% 的有效集热管面积，考虑到这个额外的损失和前面到的值，光损失在整个集热管的总和约为 12%
7	热损失	热损失是由热辐射、对流和热传导产生的，真空大大降低了热吸收管和冷玻璃管之间的热传导和对流，热传导可以忽略不计。集热管的热损失很大程度上取决于吸收管和周围空气之间的温度差，一些实验表明，在 23℃（无风）环境温度下的损耗为：300℃ 时 130W/m、350℃ 时 200W/m、400℃ 时 310W/m 和 450℃ 时 450W/m。 图 3 所示为集热管上的能量流动。与投射到集热管上的辐射通量相比，有光学和热损失减少了可用功率。 图 3　集热管上的能量流动 1—聚光太阳能；2—玻璃管吸收的太阳能；3—辐射在集热管上的太阳能； 4—集热管吸收的太阳能；5—HTF 吸收的热能；6—集热管损失给 玻璃管的热能；7—玻璃管损失到周围环境中的热能 由于吸收管的热损失和玻璃管的热损失是相似的，但并不完全相同，因为有以下两种效应： 首先，玻璃管损失的一部分热量，特别是辐射损失，返回到吸收管。然而，玻璃管的辐射热量损失很低，达不到高温，因此热流从玻璃管到吸收管也很低。另外，吸收管在红外光谱中的吸收率非常低，所以玻璃管的红外再发射对吸收管的最终影响非常低。 其次，热吸收管发出的一部分辐射穿过玻璃管，不出现在玻璃管的热损失中。硼硅玻璃（不含抗反射涂层）透光率很低。 对于吸热管，辐射热量损失的主要原因是管的温度高。相反，在玻璃管上，对流热损失比辐射损失更重要。玻璃管与环境之间的温差很小，无高辐射损失。但对于周围空气自由移动的玻璃管，对流热损失重要。 影响热损失过程最重要的是温差、绝对温度、风条件和空气湿度

四、集热管安装

集热管的现场安装如图 4－2－3 所示。

（a）集热管运输

（b）集热管组对

（c）集热管焊接

图 4－2－3 集热管的现场安装

第三节 集热器的跟踪系统

一、跟踪系统分类

　　一般来说，跟踪系统可根据它们的运动方式进行分为单轴跟踪系统和两轴跟踪系统。

　　通常可以为一个移动表面（它代表一个接收器）定义 3 个轴：两个水平轴和一个垂直轴，如图 4－3－1 所示。表面可以围绕每个轴旋转（倾斜），相对于入射的太阳光束达到一个适当的角度。当表面的运动或调整是通过绕一个轴旋转（倾斜）完成的，它是单轴跟踪。当曲面同时绕两轴旋转时，即为两轴跟踪。两轴跟踪可以为太阳能装置提供最精确的定位，据报道可以提供 40％ 的能量吸收，但它更加复杂和昂贵。这种两轴系统也可用于控制天文望远镜。

　　单轴跟踪时，旋转轴通常是 N－S 方向或 E－W 方向，倾斜的方式是为了使入射角最小化。在两轴跟踪的情况下，理想情况下，入射角总是零，即保持表面垂直于太阳光束。

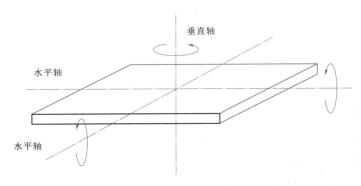

图 4 - 3 - 1　物体的 3 个轴

二、太阳能跟踪工程装置

罗克韦尔自动化公司 2011 年公布的跟踪系统的主要装置（元素）见表 4 - 3 - 1。

表 4 - 3 - 1　罗克韦尔自动化公司 2011 年公布的跟踪系统的主要装置（元素）

序号	装置（元素）名称	说　　明
1	太阳跟踪算法	该算法计算太阳的方位角和天顶角。这些角度然后被用来定位太阳能电池板或反射器指向太阳。有些算法纯粹是基于天文参考的数学，而其他算法则利用实时的光强度读数
2	控制单元	控制单元执行太阳跟踪算法，并协调定位系统的运动
3	定位系统	定位系统移动面板或反射器，以最佳角度面对太阳。有些定位系统是电动的，有些是液压的。电气系统利用编码器和变频驱动器或线性执行器来监控面板的当前位置并移动到所需位置
4	驱动机构/传动	驱动机构包括直线执行机构、直线驱动、液压缸、回转驱动、蜗轮齿轮、行星齿轮和螺纹主轴
5	传感设备	对于在跟踪算法中使用光强度的跟踪器，需要 pyranometer 来读取光强度。也可能需要对压力、温度和湿度进行环境状态监测，以优化效率和功率输出
6	限位开关/机械超行程限制	限位开关用于控制速度和防止过载，机械超行程限制是用来防止跟踪器损坏
7	仰角反馈	仰角反馈由限位开关和电机编码计数器的组合或倾斜仪（提供倾斜角的传感器）完成
8	风速表	风速表是用来测量风速的。如果风力条件太强，电池板通常驱动到一个安全水平位置，并保持在安全位置，直到风速下降到设定值以下
9	线性致动器	线性致动器是常见的技术工具，在两轴跟踪系统中工作，是移动太阳能接收器有效解决方案的必备工具

三、跟踪驱动器

跟踪驱动器的主要功能是协助操作移动接收器，可分为被动跟踪器、主动跟踪器、开环跟踪器三大类。

1. 被动跟踪器

被动跟踪器利用太阳的热量来使压缩气体膨胀，压缩气体被用来移动面板。对某些气缸的选择性加热会在面板的一侧产生更多的膨胀，并使其倾斜。此系统相对简单，成本也比较低，但缺乏适当的精度。

2. 主动跟踪器

主动跟踪器基于传感器响应使用液压或电动和执行器移动面板。光传感器定位在跟踪器的不同位置，精度更高。此系统在阳光直射的情况下工作得最好，在多云的情况下效率较低。

3. 开环跟踪器

开环跟踪器特点是使用预先记录的特定地点的太阳位置数据。简单的定时跟踪器以离散的间隔移动面板以跟随太阳的位置，但不考虑太阳高度的季节变化；高度/方位角跟踪器使用天文数据来确定任何给定时间和位置的太阳位置。

跟踪系统的所有组件在提高太阳能电池板和反射器的效率的同时，也增加了组件和复杂性，会增加整个系统的成本，消耗更多的能源。像任何 CSP 系统的集热器一样，抛物线槽式集热器必须跟踪太阳以便连续聚光太阳直接辐射，作为线聚焦集热器，抛物线槽式集热器有一个单轴跟踪系统，而点聚焦系统需要两轴跟踪系统。抛物线槽式集热器的单轴跟踪系统如图 4-3-2 所示。

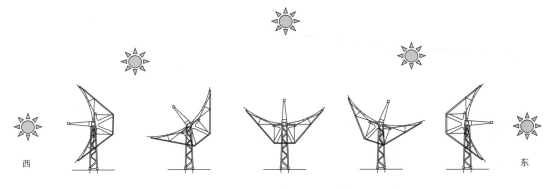

图 4-3-2 抛物线槽式集热器的单轴跟踪系统

理论上，抛物线槽在太阳岛中可以布置成任意水平方向都可以实现跟踪。但是，有一个优先的方向，即南北方向布置，东西向只用于试验。

4. 集热器的跟踪控制

集热器的跟踪控制需要有关太阳位置信息，有两种方式可以提供太阳的位置信息。

（1）太阳位置可以用精确的数学算法计算。例如欧洲槽集热器，将集热器当前位置与计算太阳位置进行比较，并由驱动机构消除可能的偏差。

（2）太阳位置可以通过传感器测量。太阳传感器可以由凸透镜组成，凸透镜将太阳光引导到两个光伏电池上，通过测量两个光伏电池之间的差动电流，可以检测到集热器方向与太阳位置的偏差，分辨率约为 $0.05°$。此系统需要一个额外的简单太阳跟踪算法，用于多云条件和启动和关闭。

5. 集热器跟踪驱动装置

集热器的跟踪驱动装置如图 4-3-3 所示。

（a）液压油缸驱动

（b）蜗轮蜗杆驱动

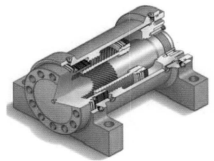

（c）蜗轮蜗杆传动

图 4-3-3　集热器的跟踪驱动装置

由驱动机构驱动集热器组件使集热器转动。集热器可能很长，欧洲槽 ET-150 集热器达到 150m，而新的 HelioTrough 集热器甚至达到 191m，驱动机构必须足够强大，才能够转动这样大的集热器组件，并在有风的情况下能保持它们在精确的位置。ET-

150 集热器和 LS-3 集热器一样，驱动装置由两个液压油缸组成，并由两个控制阀控制，以决定旋转方向。一般设计的跟踪精度可保证到风速为 9m/s，在风速达到 16～20m/s，发电厂仍可正常运行，但这是以降低跟踪精度为代价的。

恶劣的环境条件（如大风天气）下，在可能导致危险的运行时，则将所有集热器转动到一个安全位置，即集热器的储存位置，将镜子略微倾斜到水平线以下。在晚上不工作时，集热器也回到储存位置。

第四节　集热器的旋转与膨胀组件

一、槽式集热器旋转和膨胀组件的重要性

连接件和管道连杆的组件合称为旋转和膨胀执行组件（Rotation and Expansion Performing Assembly，REPA）。太阳能光热发电除了按聚焦方式和辐射接收装置位置形式分为四种类型外，还可以按传热流体的分布情况分类。在点聚焦的塔式和蝶式中，传热流体仅仅集中在接收装置附近。塔式的传热介质仅分布在吸收塔中和附近的传储热设施中，太阳岛中是没有传热流体的。在线聚焦形式的槽式和菲涅尔式光热发电中，传热流体流经整个太阳岛以收集热能。由于槽式集热器的旋转轴通常不与焦线共轴，所以集热管与固定管道之间的接口十分关键。另外，油基导热流体循环温度高达 400℃，熔盐传热流体的温度更高，集热管的热膨胀和收缩非常大，因此连接必须保证集热管在热膨胀时集热器能够正常旋转运动。

二、两种槽式集热器的旋转和膨胀组件

一般来说，有两种商业上成功的 REPA 形式，即旋转软管连接和球连接。

早期的槽式电厂使用波纹柔性不锈钢软管作为连接，疲劳失效会使软管出现小裂纹，导致热传导流体（HTF）泄漏。目前广泛使用的球连接组件，能够保证旋转和角向偏转的能力，其石墨密封在数千小时的使用后才需要进行维护，降低了维护成本。采用球连接组件的电厂也显著降低了压降，减少了循环流体所消耗的电力，从而增加了输送到电网的电力。

球连接安装于集热器两端与母管进出口的支管连接处，以及相邻集热器之间的互连和跨接管道中，集热器的两端均有三个球接头，当反射镜旋转时，球连接随着连杆的转动而旋转，并补偿收集热管的热膨胀。

图 4-4-1 为 HYSPAN 球连接的剖面图，它主要由壳体和球体组成，石墨密封剂可以减少摩擦和避免泄漏。由于石墨密封剂在运行过程中会耗散，所以需要通过填料口补注入石墨密封剂，球连接可以允许 360° 的间歇性旋转和 ±15° 的范围内摆动运动。

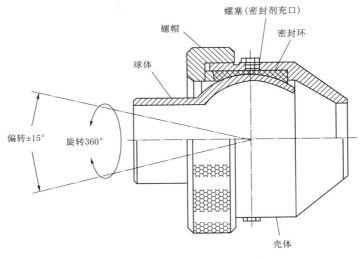

图 4-4-1　HYSPAN 球连接的剖面图

　　旋转软管组件由波纹金属软管、旋转接头和扭矩传递杆连接组成，如图 4-4-2 所示。波纹软管由圆柱形部件组成，其纵向部分为波纹结构，内部流经传热流体，连接到集热器构件上的扭矩传递杆的一端连接到旋转接头上，并驱动旋转接头带动波纹管一起旋转。

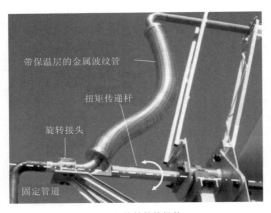

（a）旋转软管组件

（b）球连接组件

图 4-4-2　旋转和膨胀组件

第五节　集热器支撑立柱及基础

一、集热器支撑立柱

　　目前典型的商业化槽式集热器回路，如 ET-150 型集热器回路，长度达到 600m，一般由 4 个集热器总成串联组成。每个集热器总成的长度为 148m，由 12 个集热器单元模块刚性连接起来作为一个工作整体，本质上这就是一台大型的精密光学设备，由 13 个集热器支架支撑，每天做精确的跟踪太阳运动。镜场一般会设计成 1%～3% 的南北向坡度，以便考虑场地排水。因此集热器旋转轴线为北高南低的直线，分布在 148m 上的 13 个轴承必须共轴于这条斜直线，这对集热器基础和支架安装施工提出了非常高的精度要求。

集热器立柱的安装是太阳岛施工中最为关键的环节之一，一方面如果不能保证 13 个立柱支撑轴承轴线的直线度和每个轴承平行度，致使集热器旋转轴和轴承接触不良，不仅严重影响到轴承的寿命，转动摩擦力变大将导致集热器跟踪过程中发生扭转，降低拦截率。另一方面还可能导致附加水平力的产生，使支架倾斜。一般设备的制造和安装公差是靠机床加工精度控制的，而集热器的尺寸非常大，安装精度完全依靠施工现场的测量来保证。图 4-5-1 所示为 ET-150 型集热器支撑立柱的现场安装图。

图 4-5-1 ET-150 型集热器支撑立柱的现场安装图

每列集热器总成是由 12 个集热器单元模块在现场连接而成的，前述光学误差中的 σ_{support} 和大部分的 $\sigma_{\text{displacement}}$ 是在集热器单元模块的组装过程中依靠精密工装和检测手段保证的，σ_{torsion} 是由于上述的轴承摩擦力过大或在运行过程中出现的，集热器的安装质量控制直接影响到的是 $\sigma_{\text{alignment}}$。

集热器的安装是以驱动立柱顶部的驱动头为基准进行安装的，作为集热器运行的初始位置输入参数，驱动头必须准确定指向天顶角位置并储存在控制器中，其允许的公差值为 $90°\pm0.02°$，因此必须使用精确度不低于 0.02mm/m 的高精度水平尺，必须在风速尽量小无震动的条件下设定。对于依靠天文计算跟踪的集热器，超出公差值的设定值将导致集热器始终偏离太阳位置一个角度，类似于跟踪误差，使拦截率下降。

集热器的安装对正误差是指集热器单元模块之间的抛物线光轴产生了错位而不能共

面，导致运行时有部分集热器模块不能准确地指向太阳位置，集热器模块的对正是靠测量集热器两侧的高差完成的，由于 ET－150 集热器外缘之间的距离为 5.77m，测量允许最大差为 1mm，换算成角度具有很高的精度。虽然工艺比较简单，但集热器面积很大，过程中受风载的影响很大。

另外，一个需要重视的是集热器模块之间的连接，连接是靠铆接和端板的摩擦面保证的，摩擦面有平面度和平行度要求，接触面不好的连接会在以后的运行中产生相对的滑动错位，使对正误差变大。

二、集热器支撑立柱的基础施工

在浇筑集热器桩基础之前，地脚螺栓必须对齐并固定，在浇筑过程中不能改变其位置，必须确保在有关标准规定的公差内。

进行地脚螺栓安装时，使用专用定位模具和高精度的全站仪，基于 CAD 系统利用场地坐标，创建一个包含每个支架基础中心点的坐标表格，供全站仪使用。使用棱镜控制每个基础的中心点、地脚螺栓群在 3 个方向上的位置和扭转偏移量。

第六节　传热介质

一、热传导流体（HTF）

热传导流体（HTF）的任务是在集热器中收集热能，并将其输送到动力岛。HTF是从整个太阳能场收集能量并将其传输到发电单元的关键。将热能输送到动力岛有两种基本方式：一种方式是用专用的传热流体将热能转移到郎肯循环的工作流体（水）；另一种方式是兰金循环所用的蒸汽直接从槽式集热器的集热管中产生并输送到汽轮机。第一种方式叫作间接蒸汽产生，第二种叫作直接蒸汽产生。间接蒸汽发电机组有两个流体循环，一个是传热流体循环，另一个是朗肯循环，它们之间的热连接是蒸汽发生器，蒸汽发生器由省煤器（给水预热）、蒸发器和过热器组成。直接蒸汽发电厂只包含一个流体循环，即蒸汽循环。预热、蒸汽产生和（如果包括）过热直接在太阳岛内实现。

间接蒸汽产生系统使用液态传热流体，直接蒸汽产生系统中的传热介质是兰金循环本身的水/蒸汽。

商业抛物线槽式光热电站通常采用间接蒸汽发电，直接蒸汽发电仍在发展中。

二、间接蒸汽发电的换热流体

1. HTF 必须符合的标准

HTF 必须符合以下标准：

（1）必须是液体。这意味着它应该有一个足够高的蒸发温度，这样它就不会在太阳岛达到的高温下蒸发。

（2）具有较低的凝结温度。否则，如果太阳岛的温度变低时，需要有防凝保护措施。

（3）具有热稳定性。热稳定性足以承受较高的运行温度而不至于高温热裂解。

（4）具有高比热容值。为了储存和传输大量的热能，要求传热流体要有高比热容值。

（5）具有高导热性。高导热性有利于快速传热过程。

（6）具有低黏度。低黏度对降低泵送能耗是很重要的。

（7）具有较低的投资成本和充足的可用性。低投资成本和充足的可用性也是重要的标准。

（8）具有环保性。

（9）具有低易燃性、低爆炸性。

其中蒸发温度和热稳定性是非常重要的标准，因为蒸发温度和热稳定性决定了HTF蒸汽循环的最高运行温度，而最高温度又决定了发电机组的效率。

不同标准的重要性还取决于系统配置。如果电厂有储热装置，那么HTF也可以作为储热介质，因为这意味着HTF和储热介质之间不需要额外的传热步骤，在这种情况下需要大量的HTF时，经济性的考虑更为重要。表4-6-1所示为抛物线槽式光热电站HTF最合适选择的一些材料所具有的特性。

表 4-6-1 抛物线槽式光热电站 HTF 最合适选择的一些材料所具有的特性

序号	材料	最高温度/℃	比热容/[J/(kg·K)]	导热系数/[W/(m·K)]	热容量/[kW·h/(m³·K)]	费用
1	矿物油	300	2600	0.12	0.55	＋
2	合成油	400	2300	0.11	0.57	－
3	硅油	400	2100	0.1	0.525	－
4	亚硝酸盐	450	1500	0.5	0.75	0
5	硝酸盐	565	1600	0.5	0.8	＋
6	碳酸盐	850	1800	2.0	1.05	－
7	氯化钠（液体）	850	1300	71.0	0.3	0

注 "＋"表示费用低，"0"表示费用合适，"－"表示费用高。

2. 换热流体

（1）合成导热油（简称"导热油"）是联苯-联苯醚的共晶混合物，其成分是26.5％的联苯和73.5％的联苯醚，目前几乎所有的抛物线槽式电厂都使用这种合成热油作为HTF。合成热油很好地满足了上述要求，其凝固点为12℃，这意味着防冻非常容易，而且有相当高的比热容，虽然目前正在致力于使用熔盐作为 HTF，但当前合成热油仍然是标准的 HTF。但是，联苯-联苯醚导热油也有以下一些缺点和局限性：

1）最高运行温度约 400℃，超过这个温度就会发生热裂解，蒸汽温度被限制在 370℃左右，这限制了汽轮发电机的效率。

2）化学结构随使用时间的延长而变化的降解，热油必须定期更换。

3）成本高，占电厂投资成本的大约 5％。

4）高成本和运行温度下的高汽化压力限制了导热油作为存储介质的使用。

5）对环境有污染。

（2）矿物油。第一个 SEGS 工厂在 1985 年开始运营，使用的是矿物油。它的优点是可以实现直接存储系统，即直接使用 HTF 作为存储介质的存储系统，因为矿物油也可以作为热存储介质。然而，矿物油的主要缺点是其工作温度的限制，在温度超过 300℃时就变得不稳定，因而被合成导热油所取代。

（3）熔融盐（Molten Salt）。熔融盐作为 HTF 的使用仍在研究中，这一领域的领先者是意大利的阿基米德太阳能公司（ASE），所用熔盐为 60％的硝酸钠和 40％的硝酸钾的共晶混合物。这类熔融盐作为 HTF 最重要的优点是可以使太阳岛的输出温度提高到 450～550℃，这使得循环效率比导热油系统更高。

熔盐可作为传热流体使用，也可以直接用于储能，因为在使用合成导热油作为传热流体的抛物线槽式光热电站中，已经大量使用熔盐作为储存介质。此外，使用熔盐作为 HTF 的系统的较高操作温度，允许在给定容量下减小储能设施的规模。另一方面，熔盐比导热油便宜，它们在农业中被用作肥料，并可大量使用。此外，它们对环境无害，无毒、不易燃。

熔盐的一个重要缺点是凝固点高，凝固点在 220℃左右，这意味着必须制定策略来避免熔盐的凝结。熔盐的高温和更强的腐蚀性也意味着必须使用更优越和更昂贵的材料。

三、直接蒸汽发电

1. 直接蒸汽发电系统

直接蒸汽发电（Direct Steam Generation，DSG）是指在太阳岛中直接产生蒸汽，而不是间接地通过传热流体换热获得，流经太阳岛集热管的传热介质就是朗肯循环本身的工作流体，当然这种工作流体通常是水，如果考虑上面提到的 HTF 的适宜标准，水确实是一种非常理想的 HTF。只有高的蒸发温度的标准不适用，但这个标准在直接蒸汽产生的情况下是不重要的，因为蒸发只是其目的。直接蒸汽发电系统如图 4-6-1 所示。

DSG 是菲涅尔式光热电站的标准解决方案，而抛物线槽式光热电站迄今为止都是作为间接蒸汽发电系统建造的，也有不断改进发展的 DSG 抛物线槽式光热电站。

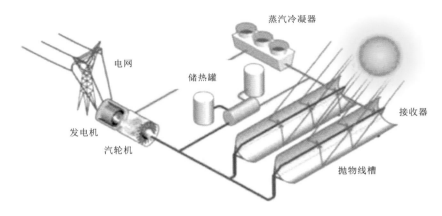

图 4-6-1　直接蒸汽发电系统

2. DSG 的优点

蒸汽作为传热流体，允许产生更高的温度，因为没有导热油的裂解的风险，可使蒸汽循环效率更高，蒸汽参数可达到 550℃ 和 120bars。由于不需要在太阳岛传热流体和朗肯循环工作流体之间进行热交换，因此可以减少建筑构件的数量。导热油本身是 CSP 电厂的一个昂贵的组成部分，因此不使用导热油是一个直接的经济优势。由于没有两种换热流体之间的传热，所以热损失系数也较小。

使用蒸汽作为传热流体可以降低吸收器管内的平均传热流体温度，从而减少热损失，因为在大部分集热管中，汽化过程是在降低温度下实现的，只有小部分，即蒸汽过热式才能达到高温。

与其他 HTF 相比，水有以下更大的优势：

（1）对环境没有污染，因此直接蒸汽发电厂的泄漏不存在环境风险，其腐蚀性比盐小。

（2）凝结温度比盐的低得多，甚至比导热油还低，确保充分防凝所需的努力可大大减少。

研究表明，在某些边界条件下，与传统的间接蒸汽发电技术相比，直接蒸汽发电系统的平级发电成本可以降低 10% 以上。

3. 挑战

DSG 技术的一个重要挑战是集热管内水/蒸汽的高压，由于太阳岛 HTF 流体循环和动力岛的蒸汽循环之间没有分离，太阳岛中的水/蒸汽具有主蒸汽的压力，这是长期以来 DSG 在抛物线槽式光热电站中没有得到应用的主要原因，特别是集热管是移动的，需要灵活的连接，这是 DSG 在抛物线槽式光热电站中应用的一个障碍。这个问题在菲涅尔太阳场不存在，因为其集热管是固定的；因此 DSG 是菲涅尔电站的标准工艺，而对于抛物线槽式光热电站，则选择间接蒸汽发电作为标准工艺。

目前为止还没有商业化的 DSG 系统的大型储能系统，只有短时间的蒸汽储存为 DSG 系统的饱和蒸汽产生的商业应用。DSG 的大型储能系统应为模块化存储，具有用于预热和过热的显热存储模块和用于蒸发的潜热存储模块。

在太阳岛的控制方面，比间接蒸汽发电系统更加困难，尤其是对过热蒸汽产生系统的控制。

第七节　集热器总成和集热器回路

一、集热器组件总成

一般商业化槽式电厂的集热器组件总成由 8～12 个集热器模块单元连接而成，图 4-7-1 所示为 ET-150 的集热器组件总成，长度达到约 150m，图中间带有编号的集热器模块单元的颜色不同，表示其所处位置的受力不同，其结构件的壁厚稍有差别。

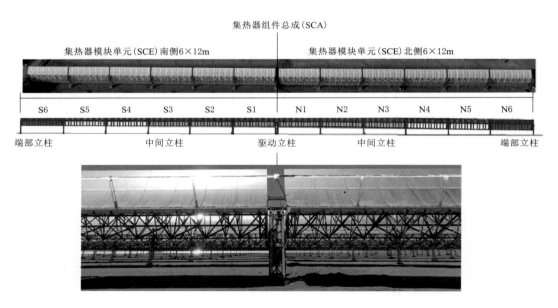

图 4-7-1　ET-150 集热器组件总成

二、集热器回路

集热器回路包含 4 个串联的集热器组件总成，如图 4-7-2 所示，回路的一端连接到冷油母管，另一端连接到热油母管。ET-150 回路的长度约为 600m，这意味着导热油在流经大约 600m 的距离时被太阳辐射加热。

新一代的 Ultimate Trough 集热器模块单元长度达到 24m，集热器组件总成达到了 247m，提高了光学效率，降低了电厂的投资成本。

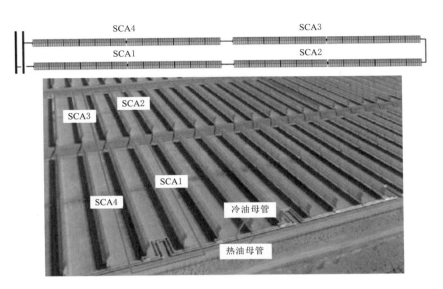

图 4-7-2　集热器回路

第八节　太阳岛

一、太阳岛组成

太阳岛是由抛物线槽式集热器组成的大型模块化阵列组成的。这些集热器排成平行的行列，集热器白天从东到西跟踪太阳，每个集热器都有一个抛物面形反射镜，将太阳法向直接辐射聚焦到位于抛物线焦点线上的线性集热管上，将集热管内的导热油加热到接近 400℃。南北轴向布置的抛物线槽从早到晚从东到西跟踪太阳的光束辐射，对许多太阳能发电厂来说，太阳并不直接从正上方经过，因为它在天空中的位置随季节和昼夜而变化，例如在冬天，太阳在南方天空很低的位置。理论上，抛物线槽式集热器在 CSP 电厂太阳岛任意方向都可以，总能跟踪太阳，但是南北方向布置是优选的方向，东西向布置仅用于试验目的。

太阳岛边界为换热岛进出口管道中的截止阀，包括太阳岛共用部分和分区，这些分区之间的边界定义为每个分区内连接到冷油母管和热油母管的截止阀。

二、集热器布置方向

1. 东西方向布置

根据电厂所处位置的纬度不同，不同的方向的集热器对电厂的产能有不同的影响。对于太阳带的位置，即在纬度 40°以下和一般不太接近赤道（不低于 15°）的位置，东西方向布置有以下特点：

（1）集热器在一天内的表现相当不均匀，由于大的入射角，集热器的性能在日出后的几个小时和日落前的几个小时内显著下降，在中午时，正面向太阳，入射角为零，这意味着在给定的直接辐射下，它总能够达到可能的最高峰值功率，但如果是南北方向布置的，则不一定了。

（2）冬季和夏季的能量产率差异小于南北方向，集热器在冬季的入射角并不比夏季大。

（3）日间需要相当小的追踪运动。

（4）年能源产量比南北方向布置低。

2. 南北方向布置

（1）集热器的表现在一天是相当均匀的，一般情况下，中午的余弦损失比早晨和傍晚要大。

（2）由于夏季和冬季入射角的差异，季节能量产出的差异大于东西向布置。

（3）每年的能源产量高于东西方向布置。

因此，商业化槽式光热电站太阳岛都是南北轴向布置的。

三、典型的 50MW 容量的抛物线槽式光热电站太阳岛结构

目前，典型的 50MW 容量的以导热油作为传热流体的间接蒸汽发电槽的抛物线槽式光热电站，其太阳岛一般为矩形结构，接近正方形，传储热岛和动力岛位于太阳岛的中心位置，这样能使得传热介质到传储热岛和动力岛的路径尽可能短，以减少热损失。一条母管将相对的冷导热油输送到太阳岛，另一条母管将从太阳岛汇集来的热导热油输送到传储热岛，典型的太阳岛结构如图 4-8-1 所示。

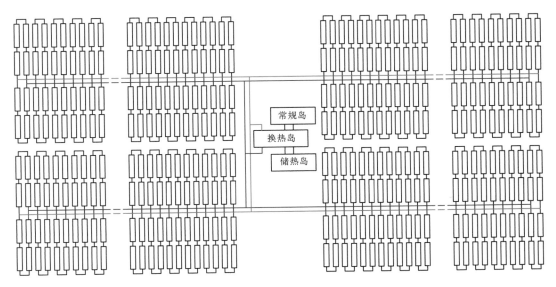

图 4 - 8 - 1　典型的太阳岛结构图

集热器之间的行距不能太小，也不能太大。如果太小，那么行之间的阴影遮挡增加太多；如果距离太大，则管道变长且占地增加，热损失和投资成本增加。集热器行之间的最优化距离大约是集热器开口宽度的三倍，ET - 150 集热器的行间距为 17m。

四、太阳岛的效率和性能

1. 槽式光热电站的效率

抛物线槽式光热电站的总体效率可定义为电功率与集热器上的直接辐射与太阳岛的总采光面积乘积之比，即

$$\eta = \frac{P_{use}}{P_{in}} = \frac{P_{el}}{A_{ap} G_{b,ap}}$$

抛物线槽式光热电站的整体效率也被称为太阳能发电效率，可细分为太阳岛效率和动力岛效率，即

$$\eta = \eta_{SF} \eta_{PB}$$

如果槽式光热电站配置了存储系统，那么应考虑额外的存储效率，太阳岛效率为太阳能转换成热能的效率，即太阳岛进出口热流差与太阳岛总采光面积上的直接辐射能之比；动力岛效率是发电功率与太阳岛进出口热流差之比。

太阳岛效率还可以再细分到光学效率（集热管中直接辐射能转换成热能过程中出现的光学损失）和热效率（集热管中辐射转换成的热能传输到动力岛过程中发生的热损失）。

化石燃料发电厂有稳定的功率流及其他稳定的工作条件，因此效率相当稳定。抛物线槽式光热电站在不断变化的运行条件下的功率和效率不断波动，不断变化的太

阳位置意味着不同的光学效率，集热管内不同的热量流动产生不同的热损失和动力岛效率，抛物线槽式光热电站的效率在零和某个峰值效率之间变化，该峰值效率在有利的辐射和其他（例如环境温度）条件下达到，这就是有必要区分峰值效率和平均效率的原因。

发电厂本身需要电力才能运转，其中大部分的电力需要用于 HTF 泵和集热器的跟踪。图 4-8-2 所示为抛物线槽式光热电站的能量流。输入功率是集热器上的直接辐照度。太阳场损失（光学损失约 25% 和热太阳能磁场损失约 15%）减少了大约 40% 的功率，超过相同的功率份额（约 42%）丢失在动力岛。抛物线槽式电站由于集热器排长及集热器数量多，其寄生能耗要高于其他电厂，大约占发电功率的 2%。约 18% 的输入功率转化为电能，约 16% 是可用的输出功率。

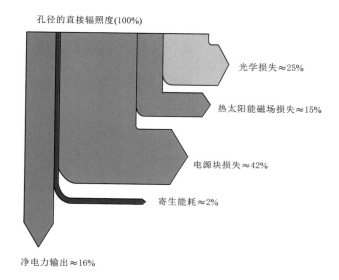

图 4-8-2　抛物线槽式光热电站的能量流

2. 太阳岛的性能

由于集热器必须将太阳光聚焦到集热管上，因此与性能相关的太阳能资源是来自太阳的光束辐射，以垂直于光线的平面上的直接法向日晒来测量，地球表面的 DNI 是由于水分和其他粒子在大气中的散射而降低，在线性轴跟踪的槽式集热器中，有效光束辐射是垂直于抛物面镜孔径平面的分量 $DNI\cos\theta$。

火力发电的特点是热输入可控、稳定，电输出可测，更重要的是它的运行能力往往与其铭牌容量相当或接近。但太阳岛的特征是太阳的持续运动和太阳岛输入的热量是变化的，这使得运行条件变得更加复杂。此外，由于太阳能资源的昼夜性和季节性，一年内有许多的白天时间内，太阳岛无法在满负荷下运转。

太阳岛的性能取决于太阳的准确位置以及集热器和 HTF 系统的特定特性，由于太阳能资源的可变性质，南北轴布置的抛物线槽从早到晚从东到西跟踪太阳的光束辐射，对许多太阳能发电厂来说，太阳并不直接从正上方经过，因为它在天空中的位置随季节和昼夜而变化。例如在冬天，太阳在南方天空很低的位置，入射角很大，$DNI\cos\theta$ 值就变得很小，因此就需要一个模型来预测给定输入条件下的性能。有效热能输出 q_{coll} 可按下式计算：

$$q_{coll} = I_b A_{coll} \eta_0 - q_L$$

式中　　η_0——光学效率；

I_b——光束辐照度；

A_{coll}——收集器孔径面积；

q_L——接收器热损失率。

光学效率 η_0 是太阳岛在环境温度下工作时所收集到的热能与辐射到集热器上的总太阳能的比率，反射镜的反射率、集热器的几何精度、集热管对槽焦线的对准、集热管玻璃管的透射率、集热管的吸收率都会影响到光学效率。太阳岛的热效率 η 是集热器将太阳辐射能转换成有效热能的比例，用所收集的太阳能减去集热管的热损失来计算，是一个与工作温度相关的函数，即

$$\eta = \eta_0 - \frac{q_L}{I_b A_{coll}}$$

太阳岛的热能输出是根据其入口和出口的质量流量和换热流体（HTF）温度计算出来的，即

$$q_m = \dot{m} C_p (T_{out} - T_{in})$$

式中　　$\dot{m}$——HTF 质量流量；

C_p——HTF 平均比热容；

T_{out}——换热器 HTF 出口温度；

T_{in}——换热器 HTF 进口温度。

基于 DNI 的热效率计算公式为

$$\eta = \frac{q_m}{DNI\cos\theta A_a}$$

式中　　η——热效率；

θ——测量期间的平均入射角；

A_a——测试期间，跟踪状态下的太阳岛采光面积。

公式中的 A_a 指跟踪状态下的有效采光面积，如果太阳岛中有处于不能正常聚焦工作状态的集热器，热效率测量的结果会变低，因为是热效率按太阳岛总太阳采光面积计算的。通常情况下，在春末和夏季，太阳岛输出的热能将大于额定设计热能需求，在高 DNI 下，运行良好的太阳岛的热能输出峰值通常能达到或超过设计能力。然而，在实际应用中，允许的热输出在名义上受到动力岛的设计热输入和汽轮机在其设计条件下的限制，为了控制这种情况，可以通过散焦集热器来减少太阳岛的热能输出，从而将热能输出限制在汽轮机满负荷时能够容纳的范围内。

　　这将集热器置于储存位置或跟随模式，即集热器置于滞后于聚焦太阳位置，使其处于完全或部分散焦的状态继续跟随太阳运动，在测量期间，太阳岛必须使集热器完全聚焦或完全散焦。

　　太阳岛的性能在很大程度上受到反射镜和集热管清洁程度的影响，太阳岛的热能输出与反射镜面和集热管的清洁度成比例。在正常运行中，应根据清洗方法、具体现场位置和运维决定的清洗频次、发电收益和清洗用水和人工的成本之间的优化等清洗反射镜，镜面反射率通常在清洗后恢复到高水平。

第五章

太阳岛土建工程施工技术

本章以中广核德令哈 50MW 光热发电项目为例介绍太阳岛土建工程施工技术。

第一节 工程概况

一、地理位置

中广核德令哈 50MW 槽式光热发电项目厂址位于青海省德令哈市西出口太阳能产业园区内，距离德令哈市约 7km，老 G315 国道以北，柏树山以南，本期占地面积约 2.5km²。

厂址区域地貌为戈壁滩，地势北高南低，海拔约为 3000m，南北向自然坡度为 3%～4%，东西向自然坡度小于 1%。

整个工程场地的地基土分布较为稳定，厂址地势较为平坦开阔，地形起伏不大。场地主要为较为稳定的密实圆砾，场地土的类型按中硬土考虑，覆盖层厚度大于 5m，最大季节性冻土深度为地面以下 1.96m。

厂址区抗震设防烈度为Ⅶ度（标准值），设计基本地震加速度值为 0.10g（标准值），厂址属构造较稳定区。场地为中等复杂场地，场地类别为Ⅲ类（标准值）。

二、气象特征

德令哈市地处青海省西北部，属中纬度内陆高原地区，具有典型的高原大陆性气候特征。气候干旱，降水稀少，温度日变化大，日照丰富，无霜期短，风多风大，气温较低，气候寒冷干燥。德令哈市常规多年主要气象要素特征值见表 5-1-1。

表 5-1-1　　　　　　德令哈市常规多年主要气象要素特征值

气象要素	单位	数值	备　注
平均气温	℃	4.0	
极端最高气温	℃	34.7	2000 年 7 月 23 日
极端最低气温	℃	−27.9	1991 年 12 月 27 日
平均气压	hPa	708.8	
平均水汽压	hPa	3.7	
平均相对湿度	%	38	
最小相对湿度	%	0	
年平均降水量	mm	182.3	
最大一日降水量	mm	84.0	1977 年 8 月 1 日
平均风速	m/s	2.2	最大风速实测值（3s 平均）为 26.9m/s
平均蒸发量	mm	2092.5	
平均降雪日数	d	29.1	

续表

气象要素	单位	数值	备　注
平均积雪日数	d	36.0	
最大积雪深度	cm	31	1994 年
最大冻土深度	cm	196	1978 年 2 月 7 日
平均雷暴日数	d	19.5	
平均大风日数	d	24.1	
平均沙暴日数	d	3.6	
平均雾日数	d	0	
全年主导风向		E	
夏季主导风向		E	

三、项目概况

1. 项目规模

本项目是国内第一个商业化槽式太阳能光热项目，也是国内第一个亚洲开发银行提供贷款支持的光热发电项目。项目静态总投资 170603 万元。德令哈项目总投资的 30% 使用资本金，亚行贷款额为 1.5 亿美元（含利息），其他资金为商业银行贷款。

项目规划建设规模为 100MW，本期建设 1×50MW 槽式太阳能光热电站，占地 2.46km²，全部采用抛物面槽式（PTC）导热油太阳能热发电技术。太阳岛建设 190 个槽式集热器标准回路，设置一套双罐二元硝酸盐储热系统（储热容量满足汽轮发电机组满负荷 9h 的运行需要），一台 50MW 中温、高压、一次再热式汽轮发电机组和其他配套设施，如图 5-1-1 所示。

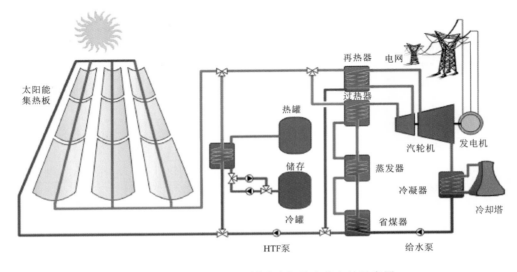

图 5-1-1 1×50MW 槽式太阳能光热电站示意图

2. 管理模式

业主采用各标段 EPC 总承包模式进行分包管理。EPC（Engineering Procurement Construction）就是工程总承包，是指公司受业主委托，按照合同约定对工程建设项目的设计、采购、施工、试运行等实行全过程或若干阶段的承包。这个承包的过程就被称为 EPC 项目。在 EPC 项目里，按照承包合同规定的总价或可调总价，由工程公司负责对工程项目的进度、费用、质量、安全进行管理和控制，并按合同约定完成工程。EPC 项目的承包模式比传统的承包模式有着更多的优势。EPC 模式强调了设计在整个工程建设中所占有的主导地位。这种模式有效地克服了设计、采购、施工相互制约和相互脱节的矛盾，有效地实现了建设项目的进度、成本和质量控制符合建设工程承包合同约定。这个模式下的建设工程质量责任主体明确，有利于追究工程质量责任和确定工程质量责任的承担人。

对于业主来说，把工程的设计、采购、施工和开工服务工作全部托付给工程总承包商负责组织实施，自己只需要负责整体的、原则的、目标的管理和控制，更加省心省力，而总承包商也有更多的发挥空间，减少了协调的工作量。

（1）建设单位：中广核新能源德令哈有限公司。

（2）监理单位：北京华夏石化工程监理有限公司。

（3）常规岛 EPC：西北电力设计院有限公司。

（4）储热传热岛 EPC：山东三维石化工程股份有限公司。

（5）太阳岛 EPC：首航中电建核联合体。

3. 技术参数

中广核德令哈 50MW 光热发电项目技术参数见表 5-1-2。

表 5-1-2　　　　　中广核德令哈 50MW 光热发电项目技术参数

参　　　数	数　　值
位置	德令哈市
直接辐射辐照度 $DNI/[\mathrm{kW \cdot h}/(\mathrm{m}^2 \cdot \mathrm{a})]$	2157
海拔/m	3050.00～3200.00
汽轮机冷却方式	水冷却
备用燃料	天然气
储热能力/(MW·h)	1300
汽机能力/MW	55
太阳场集热面积/m^2	621300
回路数量/回	190
各回路集热器组合数量/组	4

四、太阳岛

1. 基本情况

本项目由中广核集团太阳能开发有限公司开发，为抛物面槽式太阳能光热发电项目。本项目太阳岛由 190 个槽式集热器回路（Loop）并联组成，每个回路由 4 个太阳能集热器（Solar Collector Assemblies，SCA）串联构成，每个 SCA 由 12 个太阳能集热器元件（SCE）组成，每个 SCE 上有 3 根真空集热管，集热管直径为 70mm。SCA 是构成集热器回路的主要功能组件，每个 SCA 包括反射镜、支架、真空集热管和跟踪器等组成部分，长度约为 150m，采用液压驱动，包含 13 个立柱；12 个普通支撑立柱加 1 个驱动立柱；驱动立柱装有液压驱动装置、LOC 控制柜；LOC 内置信号通信及控制系统。驱动端板上装有角度传感器。太阳岛共有反射镜 255360 面，单片镜子约为 2.67m²，集热总有效面积为 621300m²，集热管 27360 支。

在本项目中，山东电建集团核电工程有限公司与北京首航艾启威节能技术股份有限公司作为联合体负责太阳岛标段施工。山东电建集团核电工程有限公司负责标段施工内容主要包括太阳岛区域道路、排水，集热器基础及安装，导热油管道基础及安装，太阳岛调试。

2. 主要设备与工程量

（1）太阳岛建筑主要实物工程量见表 5 - 1 - 3。

表 5 - 1 - 3　　　　　　　　　太阳岛建筑主要实物工程量

项　　目	混凝土/m³	模板/m²	土石方/m³	钢结构/t
集热器桩基基础	31400	4725		
管道基础	6500	26000		900
厂区道路			23000	
厂区沟道	500		11000	

（2）太阳岛主要设备工程量见表 5 - 1 - 4。

表 5 - 1 - 4　　　　　　　　　太阳岛主要设备工程量

序号	设备名称	单位	数量
1	集热器立柱	个	9120
2	集热器驱动立柱	个	760
3	集热器单元	个	9120
4	集热管	根	27360
5	导热油管道	t	1730
6	球连接	个	4560
7	LOC 控制箱	个	760
8	一级、二级盘	个	114

（3）太阳岛电气主要设备工程量见表5-1-5。

表 5-1-5　　　　　　　　太阳岛电气主要设备工程量

序号	设备名称	单位	数量
1	动力电缆敷设	km	130
2	控制电缆敷设	km	96
3	电缆保护管	km	196（高密度聚乙烯波纹管）
4	防火封堵材料	t	3.4

（4）太阳岛热控主要设备工程量见表5-1-6。

表 5-1-6　　　　　　　　太阳岛热控主要设备工程量

序号	设备名称	单位	数量
1	流量计安装	台	4
2	驱动测温元件取样安装	支	760
3	回路温度取样安装	支	190
4	压力变送器安装	台	8
5	各类型钢支架	t	3.3

3. 施工机械设备

太阳岛工程施工机械设备见表5-1-7。

表 5-1-7　　　　　　　　太阳岛工程施工机械设备

序号	设备名称	规格/单位	数量
1	钻机	1200	1
2	钻机	1000	2
3	汽车吊	QY50，50t	1
4	汽车吊	QY25，25t	2
5	混凝土泵	10m^3/h	2
6	混凝土搅拌车	8m^3	4
7	混砂机	JB 200L	1
8	挖掘机	m^3	2
9	供料机	L50，3m^3	1
10	重型卡车	7t	1
11	拖拉机	5HP	2
12	柴油发电机	30kW	1
13	柴油发电机	5.5kW	4
14	空气压缩机	m^3	1
15	折弯机		2
16	切割机		2
17	焊机	7kW	10

4. 太阳岛施工总平面图

太阳岛施工总平面图如图 5-1-2 所示。

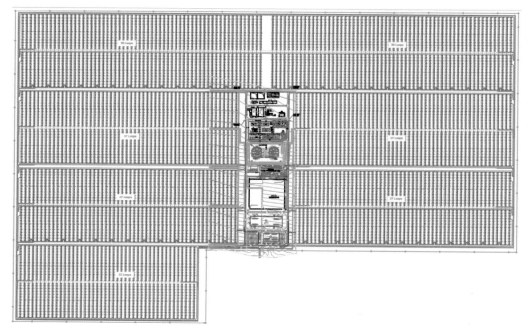

图 5-1-2　太阳岛施工总平面图

第二节　集热器桩基础施工

一、工程概况

中广核德令哈 50MW 槽式光热发电项目太阳岛工程集热器桩基础共 9880 根，布置在 7 个区域，包括 WAA 区域～WAG 区域，桩基础共分 6 个规格型号，包括 1S、1N 各 380 根，2S、2N 各 1520 根，3S、3N 各 3040 根。其中 1S、1N 桩径 1.2m，长度分别为 5m、4.5m；其余型号桩径为 1m，长度 3m、3.5m、4m、4.5m。所有桩基础外露高度 150mm。桩基础主筋采用 HRB400 级 ϕ12、ϕ16 螺纹钢，箍筋采用 HPB300 级 ϕ10 圆钢，加强圈采用 HRB400 级 ϕ12 螺纹钢。采用每个桩顶设计有 4 根螺栓，1S、1N 型号桩顶预埋螺栓为 M48 螺栓，长 1.151m，共 3040 套；2S、2N 型号桩顶预埋螺栓为 M36 螺栓，长 0.745m，共 12160 套；3S、3N 型号桩顶预埋螺栓为 M48 螺栓，长 0.781m，共 24320 套。螺杆上下端套丝处理，各配套两组螺母、垫片，上端外漏部分镀锌处理，所有预埋螺栓螺杆及螺母、垫片均为 8.8 级。已完工的集热器桩基础如图 5-2-1 所示。

图 5 - 2 - 1　中广核德令哈 50MW 槽式光热发电项目太阳岛土建工程集热器桩基础

二、工程特点

1. 现浇钢筋混凝土结构

集热器桩基础全部为现浇钢筋混凝土结构，每 13 根桩为一组，每组长 148m，钻孔前采用 GPS 定位放点，基础 X、Y 方向位置公差 ±20mm，竖向位置公差 ±5mm，在钻孔前及钻孔完成后及时复测定位点，避免出现较大偏差，对后续螺栓安装造成影响。

2. 桩顶预埋螺栓

每组桩基础桩顶预埋螺栓的偏差，南北向（X 轴方向）公差为 ±5mm，沿定位基准线的直线度为 $\phi 10$，每组桩基的 4 根地脚螺栓全长范围的位置度为 $\phi 5$，螺栓高出混凝土面的公差为 0～15mm。预埋螺栓定位精度要求非常高，每组螺栓采用专用螺栓支架固定，安装过程使用全站仪对每组螺栓进行测量。

由于集热器对其安装螺栓的精度要求很高，在这里使用了机械制造行业对精度的要求，出现了直线度和位置度这两个术语，详见《形状和位置公差　未注公差值》（GB/T 1184—1996），以下仅做简单的解释。

直线度是一种形状公差，指实际直线相对于理想直线的允许变动范围，用于控制直线的形状。其公差带有不同的形式，这里提到的 $\phi 10$ 的公差带，是一个直径为 10mm 的圆柱内的区域，这个圆柱的中心轴线就是理想的直线。实际上的直线不可能是理想直的状态，无论微观上是折线还是曲线，只要在任何方向上不能超出这个限定的圆柱体，就被视为是一条满足要求的直线。

位置度是一种位置公差，是指一个形体物的轴线或中心允许自身位置变动的范围，也就是允许偏离理论位置的一个限定区域，这里提到的 $\phi 5$ 的公差带，是一个直径为 5mm 的圆柱内的区域，只要实际螺栓圆柱体的轴线位置相对于其理想位置，在这个直径为 5mm 圆柱体以内的任意位置，就认为这个螺栓的位置是满足要求的。需要注意的是，位置度不同于直线度，直线度没有位置要求，只有一条线直到什么程度的要求，而位置度需要有一个基准位置。也就是说，这是一个相对于这个基准位置的偏离不能超过多少的问题。当然，螺栓本身也有直线度或其他的形状要求，这是在其加工制造工程中进行控制的。

三、主要工程量

中广核德令哈 50MW 槽式光热发电项目太阳岛土建工程集热器桩基础主要工程量见表 5 - 2 - 1。

表 5 - 2 - 1　中广核德令哈 50MW 槽式光热发电项目太阳岛土建工程集热器
桩基础主要工程量

序号	名　　称	数　　量
1	ϕ1200 钻孔	3610m
2	ϕ1000 钻孔	35720m
3	钢筋	2404.28t
4	混凝土	32120.95m^3
5	M48 预埋螺栓 1.151m	3040 套
6	M36 预埋螺栓 0.745m	12160 套
7	M48 预埋螺栓 0.781m	24320 套

四、主要施工机械、工器具及措施性材料

中广核德令哈 50MW 槽式光热发电项目太阳岛土建工程集热器桩基础主要施工机械、工器具及措施性材料见表 5 - 2 - 2 和表 5 - 2 - 3。

表 5 - 2 - 2　中广核德令哈 50MW 槽式光热发电项目太阳岛土建工程集热器
桩基础主要施工机械、工器具及措施性材料清单

序号	机械名称	数量	备　　注
1	RX220 旋挖钻机	3 辆	钻孔
2	罐车	10 辆	运输混凝土
3	随车吊	3 辆	运输钢筋笼
4	拖拉机	1 辆	运输螺栓固定架
5	5kW 发电机	5 台	振捣棒电源
7	装载机	1 辆	清理土方
8	自卸车	3 辆	清理土方
9	全站仪	6 台	螺栓定位
10	GPS	1 台	钻孔定位
11	水准仪	5 台	螺栓标高、混凝土标高
12	50m 钢卷尺	2 把	螺栓定位

表 5-2-3 中广核德令哈 50MW 槽式光热发电项目太阳岛土建工程集热器
桩基础主要措施性材料

序号	材料名称	数量	备 注
1	定制钢模板	320 组	桩顶外漏 150mm 用,3mm 钢板制作,两个半圆组成一个
2	螺栓固定架	500 套	固定螺栓用
3	钢管龙门架	450 套	安装钢筋笼用
4	木模板	800m²	桩露出地面位置用,后期不用
5	钢管	1000 根	固定螺栓支架

五、桩基础施工工艺流程

中广核德令哈 50MW 槽式光热发电项目太阳岛土建工程集热器桩基础施工工艺流程如下:现场调查→测量放线及埋设桩位→钻机就位及钻进→成孔检查→制作钢筋笼→吊放钢筋笼→地脚螺栓安装→灌筑混凝土→桩成品检测、验收。

六、施工方法及施工要点

(一)测量放样

(1)设置控制桩,形成测量控制网,并由专业监理工程师对控制网进行复测验收。从业主提供的一级控制点将二级控制点引测到各施工平台,并对二级控制点进行维护,定期复测,满足施工需要。并根据业主提供标高控制点引测标高控制点到各施工平台,定期复测,满足施工需要。

(2)复核施工区域内的桩位坐标,确认设计图纸提供的桩位数据。由专职测量人员采用全站仪或 GPS 对桩位采用坐标法进行实地放样,现场可采取订钢钉+布条的做法标记。南北方向每排桩定位要一次放出。

(3)对每个桩点位置测量的同时,使用 GPS 记录每个桩位的标高,并核对与设计场地标高偏差,相应调整钻孔深度。

(二)钻机就位及钻孔

(1)根据桩点位置确定钻机位置,每次钻机挪动后位于桩孔的同一侧,不得随意挪动。

(2)拉十字线调整钻头中心对准桩位中心。通过钻机自身的仪器设备调整好钻杆、桅杆的竖直度并锁定。

(3)开始钻孔作业,钻进时应先慢后快,开始每次进尺为 40~50cm,钻进正常,可适当加大进尺,每次控制在 70~90cm。图 5-2-2 所示为太阳岛土建工程集热器桩基础钻孔施工现场。

(三)成孔及成孔检查

成孔达到设计标高后,对孔深、孔径、孔壁垂直度、虚土厚度等进行检查,检测前

图 5-2-2 太阳岛土建工程集热器桩基础钻孔施工现场

准备好检测工具。测量标高,用测绳或塔尺测量孔深并记录,当最小测量值小于设计孔深时继续钻进,与设计孔深核对时,特别注意场地标高偏差,将该部分偏差相应增加或减小。现场技术人员应严格控制孔深,不得用超钻代替钻渣沉淀。用检孔器检测孔径和孔的竖直度,检孔器对中后在孔内靠自重下沉,不借助其他外力顺利下至孔底,不停顿,证明钻孔符合规范及设计要求。如不能顺利下至孔底时,用钻机进行扩孔处理。

钻孔完成后,再次用 GPS 检测桩孔中心点的偏差,检查是否超出设计要求。如果超出设计要求,要查找原因,主要分析钻杆在钻进过程中是否出现偏斜现象。

(四)清孔

(1)孔底清理紧接终孔检查后进行。钻到预定孔深后,必须在原深处进行空转清土(10r/min),然后停止转动,提起钻杆。

(2)注意在空转清土时不得加深钻进,提钻时不得回转钻杆。

(3)清孔后,用测绳或塔尺检测孔深。

(五)钢筋笼制作

1. 钢筋下料

(1)下料前认真核对钢筋规格、级别及加工数量,无误后方可下料。

(2)钢筋弯曲成型前,应根据配料表要求长度分别截断,通常用钢筋切断机进行。在钢筋切断前,先在钢筋上用粉笔按配料单标注下料长度将切断位置做明显标记,切断时,切断标记对准刀刃将钢筋放入切割槽将其切断。

(3)应将同规格钢筋根据不同长短搭配、统筹排料。一般先断长料,后断短料,减少短头和损耗。避免用短尺量长料，防止产生累计误差，应在工作台上标出尺寸、刻度，并设置控制断料尺寸用的挡板。切断过程中如发现劈裂、缩头或严重的弯头等，必须切除，切断后钢筋断口不得有马蹄形或起弯等现象，钢筋长度偏差±10mm。

（4）钢筋半成品在加工棚内集中加工。

2. 钢筋弯曲成型

（1）加工方法。钢筋的弯曲成型用弯曲机完成。曲线钢筋成型加工时，可在原钢筋弯曲机的工作中央，放置一个十字架和钢套，另在工作盘四个孔内插上短轴和成型钢套与中央钢套相切，钢套尺寸根据钢筋曲线形状选用，成型时钢套起顶弯作用，十字架则协助推进。螺旋箍筋在弯曲前必须先进行调直，螺旋筋和加强筋采用绑扎或焊接。

（2）注意事项及质量要求。钢筋弯曲时应将各弯曲点位置划出，划线尺寸应根据不同弯曲角度和钢筋直径扣除钢筋弯曲调直值。划线应在工作台上进行，如无划线台而直接以尺度量化线时，应使用长度适当的木尺接量，以防发生差错。第一根钢筋弯曲成型后，应与配料表进行复核，复核要求后再成批加工。成型后的钢筋要求形状正确，平面上浮无凹曲，弯点处无裂缝。

3. 钢筋笼加工成型

根据施工图纸对钢筋笼进行绑扎成型。

4. 钢筋笼出场报检

成型后的钢筋笼自检合格后报监理验收，验收合格后挂牌置于场地处存放，如图 5-2-3 所示。

钢筋骨架的制作的允许偏差如下：

1）主筋间距为±10mm。

2）螺旋筋间距为±10mm。

3）骨架外径为±10mm。

图 5-2-3　绑扎成型的钢筋笼整齐排放

（六）钢筋笼的运输与现场安放

钢筋笼运输采用随车吊运输，运输过程中绑扎牢固，防止滑落，到现场后由吊车安放。

（1）钢筋笼焊加强筋，防止在运输安装过程中钢筋笼变形。

（2）钢筋笼采用吊车安放，起吊钢筋笼时，吊钩处用滑轮和钢丝绳连接钢扁担，勾挂钢筋笼。吊点设在骨架的上部，使用主钩起吊。

（3）缓慢移动钢筋笼，将钢筋笼吊到孔位上方，对准孔位、扶稳，缓慢下放，依靠第一吊点的滑轮和钢筋笼自重，眼观使钢筋笼中心和钻孔的中心一致。

（4）以桩口顶面为基准面，量测钢筋笼，当钢筋笼到达设计位置时，使用14号铁丝将钢筋笼固定在钢管龙门架上，如图5-2-4所示。

图 5-2-4　钢筋笼安装施工

（5）钢筋骨架的吊放的允许偏差如下：

1）骨架倾斜度为±0.5%。

2）骨架保护层厚度为±20mm。

3）骨架中心平面位置为20mm。

4）骨架顶端高程为+20mm。

5）骨架底面高程为±50mm。

（6）为保证钢筋保护层，在钢筋笼上每个水平面点焊4个梯形保护层筋，上下间距1m，或采用木方塞入钢筋笼与桩孔之间，在混凝土浇筑过程中将木方抽出。

（七）地脚螺栓的安装与校准

在浇筑基础之前，必须将地脚螺栓准确定位并固定，在浇筑过程中不能改变其位置，公差必须保证。地脚螺栓的固定必须用专用固定支架，如图 5-2-5 和图 5-2-6 所示。

图 5-2-5　地脚螺栓准确定位

图 5-2-6　地脚螺栓固定

在每排桩南侧两侧 3m 位置，使用 GPS 放出两个控制点，其中北侧控制点位全站仪定位点，南侧控制点为轴线方向控制点，地脚螺栓的定位全程使用的全站仪测量。将地脚螺栓固定在支架上，支架两端使用钢管固定在地面上，然后在每排桩北侧控制点上支设全站仪，每排桩分两端拉设南北向钢丝线，使用全站仪测量钢丝线南北向同轴度，并将螺栓固定支架的中心点测放在钢丝线上，将固定支架大体位置放正，使用水准仪测量支架面的标高，将螺栓支架标高调整到位。然后根据钢丝线方向及支架中线点位置，调整支架的准确位置，每排螺栓支架调整完成后，采用全站仪复测每个螺栓固定支架，主要复测支架的中心点及螺栓的位置，每个桩基础上四个螺栓可选择对角线复测两个，合格后进行验收，如图 5-2-7～图 5-2-9 所示。

图 5-2-7　采用全站仪复测每个螺栓固定支架

图 5-2-8　地脚螺栓安装

图 5-2-9　地脚螺栓校准

（八）混凝土的拌和与运输

（1）混凝土拌和前，由试验室提供混凝土配合比。

（2）测定混凝土搅拌站砂、石的含水量，实验室提供换算施工配合比，搅拌站严格按施工配合比拌制混凝土。

（3）混凝土拌和坍落度符合设计要求。试验室试验人员，现场检测混凝土的坍落度，不合格不允许浇筑。若为冬季施工时，还需填写混凝土的出站温度。

（4）混凝土运输采用罐车运输，冬季施工时，罐车运输罐应用棉被或其他保温材料包裹保温，以减少混凝土在运输过程中的温度损失。

（九）灌注混凝土

（1）混凝土灌注前检测混凝土出场、入模的坍落度和出场、入模温度，温度应在5℃以上。

（2）混凝土由罐车运至现场后，采用罐车灌注。

（3）在灌注将近结束时，核对混凝土的灌入数量，以确定所测砼的灌注高度是否正确。灌注时使用插入式振捣器进行振捣，振捣器移动间距不超过其作用半径的1.5倍，振捣要均匀，不得漏振、过振，以保证桩顶范围内混凝土密实。

（十）混凝土灌注桩水平静载试验

1. 检测目的

确定单桩水平临界荷载和极限承载力，推定土抗力参数；判定水平承载力或水平位移是否满足设计要求；通过桩身应变、位移测试，测定桩身弯矩。

2. 检测数量

检测数量不应少于同一条件下桩基分项工程总桩数的1%，共检测102根。

（十一）混凝土灌注桩低应变检测（桩身完整性）

1. 检测目的

检测桩身缺陷及其位置，判定桩身完整性类别。

2. 检测数量

检测数量不应少于总桩数的20%，一共检测1976根。

（十二）冬季施工措施

1. 混凝土搅拌

（1）根据《混凝土外加剂应用技术规范》（GB 50119—2013）要求，在混凝土浇筑后5d内预计日最低气温为−5～−10℃、−10～−15℃、−15～−20℃时，分别选择规定温度为−5℃、−10℃、−15℃的防冻剂。掺加不同温度防冻剂的混凝土满足该温度下混凝土的搅拌及浇筑。

（2）不同温度的防冻剂分别进行配合比试验，并选择较小的水胶比和坍落度，在经试验合格方可搅拌混凝土。通过掺加防冻剂及早强剂等外加剂满足环境温度−5～−15℃时混凝土的搅拌及浇筑。

（3）搅拌站均有配备的加热锅炉，配有稳压供水系统。环境温度低于−5℃时，搅拌混凝土用水采用锅炉加热水。加水水根据选用水泥确定加热温度，当采用标号小于P.O42.5的普通硅酸盐水泥拌和水温度不得超过80℃；当采用标号不小于P.O42.5的普通硅酸盐水泥拌和水温度不得超过60℃。确保冬期混凝土出机温度不低于10℃，灌注时温度不低于5℃。搅拌站保证环境温度−5～−15℃时正常供应混凝土，保证混凝土正常施工。

（4）砂石料场须采取防雨雪措施，在雨雪来临之前应采用彩条布对材料进行覆盖，防止雨雪渗入到砂石料内。环境温度低于−10℃时，砂石表面覆盖一层棉被，防止砂石料冻结，晴天后须及时揭开覆盖，清除冰雪。每次混凝土施工完毕之后，拌和站料斗内剩余材料须清理干净，然后对集料斗进行覆盖。

（5）骨料进仓时用筛网进行过滤，将骨料中冰雪或冻结团块的骨料筛除，每次开盘前应派专人对砂石料进行检查，清除表层冰雪和冻结的骨料。

（6）投料前，先用热水或蒸汽冲洗集料斗和搅拌机，混凝土搅拌投料的顺序为：砂石料、热水，搅拌 30s，再加水泥搅拌，每盘搅拌时间应较常温时延长 30～60s。

（7）水泥不得与 80℃以上热水直接接触。投料时应先投入骨料和水，最后才投入水泥。

（8）液体防冻剂使用前应搅拌均匀，由防冻剂溶液带入的水分应从混凝土拌和水中扣除。

（9）随机抽查混凝土拌合物的出机测温，低于 10℃不得运输至施工现场。

（10）混凝土出机后坍落度随时进行复测，符合配合比要求方可使用。

2. 混凝土的运输和浇筑

（1）冬期施工运输混凝土，选择最佳运输路线，缩短运距，使热量损失尽量减少。

（2）冬期施工时，每天对罐车等车辆进行检查，并定期对车辆进行保养，并配备 2 辆备用罐车。

（3）冬期施工，混凝土罐车应用棉被或其他保温材料包裹保温，以减少混凝土在运输过程中的热量损失。确保混凝土出机温度不得低于 10℃，入模温度不得低于 5℃。混凝土运输至施工现场后，现场测量混凝土的温度，低于 5℃不得浇筑。

（4）混凝土拌合坍落度符合配合比要求，混凝土运输至现场后，试验室试验人员，现场检测混凝土的坍落度，不合格不得浇筑。

（5）密切关注天气变化，及时了解气象信息，雨雪天气来临前及时对集热器桩孔覆盖，防止雨雪落入桩孔内。

（6）混凝土在浇筑前，再次检查桩孔，防止孔底及钢筋上存在冰雪。

（7）掌握好混凝土浇筑时间，浇筑混凝土在白天温度较高时进行，夜间停止浇筑混凝土。

（8）灌注桩混凝土浇筑完成后，及时覆盖养护，严禁桩顶飘落雨雪。

3. 混凝土养护

（1）正常温度下，混凝土初凝后覆盖一层塑料薄膜进行养护，养护时间不少于 14d。

（2）平均温度低于 5℃，根据《建筑工程冬期施工规程》（JGJ/T 104—2011）采用负温养护法进行养护，起始养护温度不低于 5℃，混凝土浇筑完成后，先覆盖一层塑料薄膜，然后覆盖棉被进行保湿保温养护。

（3）负温养护法养护混凝土期间，当环境温度达到防冻剂的温度时，每间隔 2h 测量一次环境的温度以及棉被下方的温度。当棉被下温度低于防冻剂温度时，采取增加棉被覆盖层的方法进行养护，确保棉被下方的温度不低于防冻剂温度。

（4）夜间最低气温达到－15℃，仅在白天气温较高时进行混凝土的施工。夜间最低气温低于－20℃，结束冬期混凝土施工。

（5）在混凝土养护期间，环境温度低于－20℃时，覆盖电热毯进行养护。

七、工程评价和经验教训

1. 严格复测，确保各控制点准确

因建设单位提供一级控制点存在误差，因此在各施工平台二级控制点引测后，存在累计误差，在后续管道基础施工后，管道整体安装过程中，造成较大损失，主要是上下平台两排桩基础轴线偏差，造成管道偏离基础，需要整改，造成返工。因此，在桩基础施工前，要求建设方提供准确的一级控制点，在引测二级控制点过程中，严格复测，确保各控制点准确。

2. 标高控制点

因建设方提供标高控制点比较集中，到各个平台距离较远，最远 2km 左右，且存在较大高差，高差 10～20m，因此使用 GPS 引测标高控制点，在后续管道安装过程中，因各平台引测标高控制点存在误差，造成管道基础钢结构与管道之间存在偏差，且数量较多，造成很大返工工作，且个平台标高控制点较少，布置在平台的一侧，在施工到平台另一侧时，出现累计误差。因此，在桩基础施工前在各个平台使用水准仪引测标高控制点，并进行闭合复测，每个平台内间距 300～500m 也需要引测标高控制点，在桩基础施工及后续管道基础施工、管道安装全部使用该标高控制点。

3. 场地标高偏差较大时应提前处理

场地移交过程中，复测场地位置及标高偏差，若出现较大偏差，及时与业主发函进行整改。在中广核德令哈 50MW 光热发电项目桩基础施工过程中，因标高偏差较大，最大偏差达 300～400mm，场地实际标高低于设计标高，桩顶外漏部分需要加多层钢模板，螺栓支架高度需要加高，施工效率大大降低。若场地标高高于设计标高，钢模板及螺栓固定支架需要降低到地面以下，施工难度也较大，造成施工成本的增加。因此，场地标高偏差较大，需要提前处理。

第三节　太阳岛管道基础施工

一、工程概况

中广核德令哈 50MW 槽式光热发电项目部管道基础共 3458 个，可分为母管管道基础、进出口管道基础、回路互联管道基础和跨接管道基础。分布在各集热区南侧或北侧（南北向连接母管位于 B、C 区东侧），其中母管基础 1078 个，进出口管道基础 922 个（另有母管与进出口管道公用基础 66 个），回路互联管道基础 988 个，跨接管道基础

380 个。基础预埋地脚螺栓分为以下 5 种：M20、M22、M24、M27、M30、M20 螺栓共 3376 套；M22 螺栓共 4170 套；M24 螺栓共 4734 套；M27 螺栓共 3376 套；M30 螺栓共 4592 套。需根据图纸不同类型基础安装对应螺栓。M20 螺栓使用 70mm×70mm×10mm 垫片，M22、M24 螺栓使用 80mm×80mm×10mm 垫片，M27、M30 螺栓使用 100mm×100mm×10mm 垫片。每个基础上安装钢结构，母管及跨接管道按图纸尺寸制作，进出口及回路互联根据现场实际标高制作。图 5-3-1 所示为太阳岛安装于管道基础上的管道施工现场。

图 5-3-1　太阳岛安装于管道支架基础上的管道施工现场

二、工程特点

集热器管道支架基础为独立基础，布置于集热器场区内。基础共 29 种类型，基础上部为 H 型钢支撑柱，钢柱安装完成后，柱头需进行二次灌浆。垫层混凝土强度等级 C15，基础混凝土强度等级 C35，钢筋主要有 HPB300、HRB400 两种等级，钢筋保护层厚度为 50mm，H 型钢主要型号有 HW150×150×7×10、HW200×200×8×12，钢材为 Q345。表 5-3-1 所示为太阳岛集热器管道支架基础的主要工程量。

表 5-3-1　　　　　太阳岛集热器管道支架基础的主要工程量

序号	名称	数量	序号	名称	数量
1	土方	66000m³	5	预埋件	6t
2	混凝土	7568m³	6	地脚螺栓	20248 套
3	钢筋	575t	7	防腐面积	24075m²
4	H 型钢及钢板	835t			

三、施工工艺流程

太阳岛集热器管道支架基础的施工工艺流程如下：定位放线→土方开挖→垫层施工→基础承台钢筋绑扎→模板安装→基础承台混凝土浇筑及养护→模板拆除→基础短柱钢筋绑扎→地脚螺栓安装→基础短柱模板支设→混凝土浇筑及养护→模板拆除→基础防腐→回填→上部钢柱施工→柱头二次灌浆。

四、定位放线与土方开挖回填

1. 定位放线

施工前由测量人员放出基础的轴线、中心线和外边线等，基础边线撒灰线作醒目标识。测量放线后经监理工程师验收，合格后方可进行土方开挖。

2. 土方开挖

（1）基础土方开挖前需办理动土作业票，将所有挖出的土都运送至业主指定位置，土方应在基坑顶边缘线 800mm 以外区域堆放，弃土应远离基坑周边，以防堆载影响基坑边坡的稳定。开挖过程中边坡上如发现有滑坡等土体，应及时采取相应措施，以防止崩塌与下滑。开挖工程中边挖边进行边坡修整，修整的边坡应平直、工整。开挖过程中要严格控制好标高，土方开挖至离设计标高 200～300mm 时，改为人工开挖清理基槽，开挖过程中注意保护好轴线控制点。基坑必须分层开挖，高差不宜过大，基坑内土面高度应保持均匀。为保证基坑开挖安全，超过 1m 深基坑，基坑四周应搭设高度 1.2m 的安全围栏。

（2）基坑边坡应严格按照 1∶0.75 放坡，使用白灰画出基坑的上口线和底口线，严格按撒出的边线为基准开挖，开挖过程中及时使用水准仪测量开挖深度。

3. 回填

（1）基础施工完毕经验收合格后基坑开始分层回填，分层夯实，每层需铺厚度为 300mm，先将标高引至基坑四周做好标记。回填原则上按照先深后浅的顺序施工。对于基坑内基础密集，机械不易操作的区域，采用小推车运土，场地开阔，阻碍物较少的区域采用自卸汽车运土，装载机平摊。

（2）基础施工完毕后，清楚坑内淤泥、杂质，洒水分层回填夯实，每层填土厚度不大于 300mm。土方回填后，及时通知检测中心取样，对每层回填土进行质量检验。每 200m² 取样一组，采用灌水法取样计算出压实系数，压实系数不小于 0.96，合格后进行上层回填。图 5-3-2 所示为太阳岛集热器管道支架基础施工现场。

五、钢筋工程

1. 钢筋施工工艺流程

钢筋施工工艺流程如下：钢筋进场检验→钢筋加工→成品钢筋验收→成品钢筋运输→钢筋安装→钢筋隐蔽验收。

图 5-3-2　太阳岛集热器管道支架基础施工现场

2. 钢筋进场检验

钢筋在安装前应进行抽样检验，钢筋合格证、复试报告要齐全，并检验合格、符合图纸设计及相关规范要求方可使用。现场钢筋应存放在支架上，保证钢筋不接触地面，支架间距应适当布置防止钢筋过度挠曲。

3. 钢筋加工

（1）根据施工图、施工规范并结合实际经验进行翻样，翻样表须经技术负责人审核后方可进行钢筋加工。

（2）钢筋要按照钢筋翻样表进行加工，要求品种、规格、尺寸正确，数量齐全，对于特殊角度的规格尤其要严格控制。钢筋应平直，无局部曲折。钢筋的表面应洁净，无损伤、油渍、漆污等，否则应在使用前清除干净。带有颗粒状或片状老锈的钢筋不得使用。

（3）钢筋加工的切断口要平整，无马蹄形或起弯等现象；钢筋弯曲点处不允许有裂纹。

（4）对于加工单中有弯钩和曲线的钢筋，加工时宜先制作出 1～2 根，测量和调整伸长度，检查其规格尺寸，符合翻样表单要求后，再成批加工。

4. 成品钢筋验收

钢筋制作完成后要对钢筋品种、规格、尺寸、数量及表面清洁度的进行验收，钢筋班长做好钢筋跟踪管理台账记录，加工不合格的钢筋不得进入现场。验收合格的成品钢筋分类码放整齐，挂标识牌，标识牌注明子项名称和使用单位、钢筋的编号、规格、形状、尺寸及数量等。

5. 成品钢筋运输

（1）成品钢筋采用平板拖车运输。

（2）钢筋运至现场后按照规格、使用部位分类堆放，在运输过程中注意保护钢筋，避免钢筋弯曲等破坏。

6. 钢筋安装

（1）钢筋的保护层厚度为50mm。垫块的大小宜为50mm×50mm×50mm。垫块的放置要均匀，间距不大于500mm，以防止钢筋下垂弯曲。

（2）钢筋摆放必须事先划线，保证钢筋间距准确。钢筋网片上下排钢筋摆放顺序要符合设计要求，扎丝采用20号扎丝，绑扎时相邻绑扎点的铁丝扣成"八"字形，以免网片歪斜变形。

（3）基础钢筋绑扎。基础钢筋绑扎时先绑扎基础底层钢筋，然后绑扎架立筋，最后绑扎上部钢筋。绑扎的钢筋要求横平、竖直、规格、数量、位置、间距正确。绑扎不得有缺扣、松扣现象。基础周边绑丝往里扣，以免混凝土浇筑后绑丝外露。钢筋网片相邻扣要互相交错，不能全部朝一个方向，这样可防止顺偏。钢筋保护层采用预制的混凝土垫块，垫块用与混凝土配合比相同的细石混凝土制成，并预埋好绑丝，绑在钢筋上。

（4）地脚螺栓安装。在浇筑基础之前，必须将地脚螺栓对准并固定，在浇筑过程中不能改变其位置，公差必须保证。地脚螺栓的固定采用定制加固模板，采用全站仪参照集热器基础坐标对预埋地脚螺栓进行找正，安装误差不大于5mm。

（5）注意事项。浇混凝土前，钢筋外露部分套上30～50cm的塑料薄膜或塑料软管作防护套进行防护，防止被混凝土污染，混凝土浇筑完后及时将防护套取掉，钢筋绑扎完毕后要统一检查钢筋保护层的厚度是否满足设计要求，如不满足要进行调整或增加垫块数量来保证钢筋保护层的厚度。

（6）钢筋隐蔽验收。钢筋安装完成后，技术员组织质检人员对钢筋进行隐蔽验收，验收重点为钢筋的品种、规格、数量、绑扎是否牢固、搭接长度以及其保护层等是否符合设计及规范要求，钢筋上的油污、水泥砂浆及浮锈是否消除掉等。验收合格后，质检人员填写钢筋隐蔽工程验收单等验收资料。

六、模板工程

1. 基础模板制作安装

（1）基础模板选用15mm厚的普通木模板，第一道背楞采用80mm×50mm木方，间距不大于350mm，竖向布置；第二道背楞采用两根ϕ48×3.6脚手管，间距不大于600mm，水平布置。

（2）短柱模板选用15mm厚的普通木模板，第一道背楞采用50mm×80mm木方，竖向布置，间距250mm，第二道背楞采用2根ϕ48×3.6钢管水平布置，间距600mm，并用ϕ14对拉螺栓进行加固。模板拼缝采用双面胶带粘贴，以防漏浆。

（3）模板在木工加工场制作，制作完成后运往现场施工场地进行安装。

（4）模板安装前先进行板面清理，模板间的接缝用1mm密封胶条压紧，防止漏浆。在模板安装确保钢筋保护层厚度达到要求。

2. 模板拆除

模板的拆除自上而下逐层进行，拆除的构件用人工递下，严禁抛掷，拆除的模板和支架分类堆放并及时清运。侧模拆除时混凝土强度应能保证其表面及棱角不受损伤。拆模时避免重撬、硬砸，以免损伤混凝土和模板。

七、混凝土工程

1. 混凝土的搅拌、运输及取样

混凝土采用搅拌站集中搅拌，搅拌站到浇筑区的运输采用混凝土罐车。防止混凝土离析和泌水，罐车行走道路要平坦，边运行边搅拌。混凝土浇筑时按规范现场取样留置试块，现场测定坍落度。

2. 混凝土浇筑

（1）浇筑混凝土前对外露钢筋包塑料布保护，做好模板、钢筋、支撑、预埋件、施工缝、脚手架等的检查验收，经业主认可后方可浇筑。

（2）混凝土浇筑时自由落差不得超过 2m，防止因混凝土落差过大砼产生离析。设专人监护模板、钢筋，如发生变形、位移时，立即停止浇筑，并在已浇筑的混凝土初凝前修复好后，方可进行继续浇筑。施工人员要在专用通道上行走，严禁直接踩踏模板和埋件的加固架。

（3）夏季施工时，混凝土浇筑前泵管上需覆盖麻袋片并洒水湿透，减少混凝土入模前的温度。雨季施工时，小雨以上天气在没有保护措施的情况下不准浇筑混凝土，若在施工过程中下雨，则用塑料布或者篷布对工作面进行防护。

3. 混凝土振捣

振捣混凝土时，振捣棒插入的间距一般为 400mm 左右，振捣时间一般为 15～30s，振捣器插入下层混凝土约 5cm，每一振捣点的振捣必须充分，做到"快插慢拔"，在振动过程中要尽量避免碰到模板和钢筋。混凝土在浇筑过程中，混凝土人员要随浇随振捣，不得出现漏振现象，至混凝土表面呈现泛浆并不再沉落为准，并随时用水准仪校正混凝土面标高。在无法使用振捣器的部位，应派专人振捣并辅以人工振捣，使其密实，防止漏振造成混凝土出现蜂窝、麻面。

4. 混凝土养护

混凝土采用保湿养护法，混凝土表面覆盖塑料布或保温棉毡的方式进行养护。竖向表面开始养护时间为侧模板拆除后，以保证表面经常湿润为原则。

八、防腐与二次灌浆

1. 防腐工程

（1）基层清理。用抹布或钢铲刀把需要防腐的基础表面的浮土、灰尘、碎屑与不牢固的附着物清理干净。

（2）采用刷涂或滚涂方式，埋入地下基础表面涂刷沥青冷底子油两遍，刷沥青胶泥涂层，厚度不小于 0.5mm。

（3）材料的调配严格按照材料使用说明书进行调配。

2. 二次灌浆

（1）基础处理。基础表面应进行凿毛处理。清洁基础表面，不得有碎石、浮浆、浮灰、油污和脱模剂等杂物。灌浆前 24h，基础表面应充分湿润，灌浆前 1h，清除积水。

（2）支模板。

1）按灌浆施工图支设模板。模板与基础、模板与模板间的接缝处用水泥浆、胶带等封缝，达到整体模板不漏浆的程度。

2）模板支设高度与灌浆面平齐，外侧使用木方加固。

3）灌浆中如出现跑浆现象，应立刻停止灌浆，重新加固处理后方可继续灌浆。

4）二次灌浆采用 C40 细石混凝土，灌注高度与钢结构底平面平齐，灌注后使用振捣棒振捣 10～20s，至表面不再出现气泡、泛出水泥浆为止。

5）灌浆完毕后 30min 内应立即加盖湿草盖或岩棉被，并保持湿润，养护时间 7d。在基础灌浆完毕后，如有要剔除部分，可在灌浆完毕 3～6h 后，即灌浆层硬化前用抹刀或铁锹工具轻轻铲除。

九、钢结构工程

（一）钢构件制作

本部分钢结构构件主要为 H 型钢柱，规格小、重量轻。材料选用 Q345，各项技术指标均符合国家标准及相应标准要求。

1. 放样下料

放样工作包括：核对图纸的安装尺寸和孔距；以 1∶1 的大样放出节点；核对各部分的尺寸；制作样板的样杆作为下料、弯制、铣、刨、制孔等加工的依据。用作计量长度依据的钢卷尺，特别注意应经授权的计量单位计量，且附有偏差卡片，使用时按偏差卡片的记录数值核对其误差数。样板一般用 0.50～0.75mm 的铁皮或塑料板制作。放样时，焊接构件要按工艺放出焊接收缩量。焊接收缩量由于受焊肉大小、气候、施焊工艺和结构断面等因素的影响，变化较大，根据实际情况应预放收缩量。放样后一般采用氧、气割下料，铁件四边进行磨平加工，按要求进行焊接坡面加工。

2. 焊接拼接

拼接应对称装配、组立，把制备完成的半成品和零件按图纸规定装成构件式部件，然后连成为整体。拼接必须按工艺要求的次序进行，当有隐蔽焊缝时，必须先予以施焊，经检验合格方可覆盖，当复杂部位不易施焊时，须按工艺规定分别先后拼装和施焊。

为减少变形，尽量采取小件组焊，经矫正后再大件组装。

3. 焊接工艺要点

为防止空气侵入焊接区域而引起焊缝金属产生裂纹或气孔，应采用短弧焊。热影响区在高温停留时间不宜过长，以免晶粒粗大。多层焊时，应连续焊完最后一层焊缝，每层焊缝金属的厚度不大于 5mm。当焊件的刚性增大时，焊件的裂纹倾向也随之增加，故焊接刚性焊件宜采取焊前预热和焊后消除应力的热处理措施。焊接角焊缝时，对多层焊的第一道焊缝和单层焊缝要避免深而窄的坡口形式。在低温条件下焊接容器类等产品时，应考虑采用碱性焊条，并建议对焊件进行预热。型钢要斜切，一般斜度为 45°支部较厚的要双面焊或开成有缺。焊接时要考虑焊缝的变形，以减少焊后矫正变形后的工作量。应对称施焊，以减少变形。

4. 焊缝质量检验

对接焊缝的质量不低于二级，其余焊缝质量等级为三级，焊接完成进行外观检查。焊缝检查出缺陷后，进行整改合格后方可进行下一步施工。

（二）钢构件防锈与涂装

钢构件在涂装前采取抛丸或喷砂等措施彻底清除铁锈、焊渣、毛刺、油污、积水及泥土等，采用手工除锈时，除锈等级不低于 St2，采用机械除锈时，除锈等级不低于 Sa2.5。混凝土支墩上部钢结构防腐底漆采用环氧底漆和面漆各两道，过路段钢结构支架采用冷喷锌进行防腐，干膜总厚度 $120\mu m$。为避免锌膜被划伤，烧伤破坏，冷喷锌应在现场焊接完成后再进行除锈并施涂，具体要求见表 5 - 3 - 2。

表 5 - 3 - 2　　　　　　　　　　除锈后钢结构施涂要求

项 目	涂 层 体 系			表面处理
	底漆	中间漆	专用封闭漆	
涂层名称及型号	冷喷锌涂料	冷喷锌涂料	冷喷锌专用封闭漆	除锈要求不低于 Sa2.5 级
涂层道数、干膜厚度	1 道，$50\mu m$	1 道，$50\mu m$	1 道，$20\mu m$	

注　1. 冷喷锌涂料采用干膜纯锌含量不低于 96% 的单组分无机冷喷锌涂料。

　　2. 为确保每道涂层的兼容性，底漆、中间漆和专用封闭漆应采用同一品牌产品。

　　3. 可以采用喷涂或涂刷工艺施涂。工艺要求详见涂料产品使用说明。

（三）钢构件运输

（1）在成品钢构件的运输过程中，使用木方分层隔离，防止变形。

（2）成品钢构件运至现场后，须将报验材料上报经业主、监理工程师，验收合格后方可进行安装工作。

（四）钢柱安装

（1）钢柱安装前对照单件图对柱底板进行尺寸检查，确保安装准确无误。

（2）钢柱安装前在预埋螺栓上安装标高控制螺母，该螺母顶标高为钢柱底标高，钢柱高度在 1m 以下及质量 100kg 以下，由 2~4 名施工人员直接安装就位，其他钢柱使用 8t 吊车吊装就位，吊装就位后搭设组合脚手架摘钩。

十、工程评价及经验教训

因建设单位提供一级控制点存在误差，因此在各施工平台二级控制点引测后，存在累计误差，造成上下平台两排桩基础轴线偏差，在管道基础施工时，管道基础仅能与上下平台的一排集热器在一条轴线上，造成管道在安装过程中与基础偏离，影响工艺外观质量，甚至需要返工，造成较大损失。因此，在管道基础施工前需对上下平台集热器轴线进行复核，如发现偏差较大，提前处理。

因建设方提供标高控制点比较集中，到各个平台距离较远，最远 2km 左右，且标高控制点与各平台之间存在较大高差，高差 10～20m，因此使用 GPS 引测标高控制点，且个平台标高控制点较少，布置在平台的一侧，在施工到平台另一侧时，出现累计误差。在后续管道安装过程中，因各平台引测标高控制点存在误差，造成管道基础钢结构与管道之间存在偏差，且数量较多，造成很大返工工作。因此，在管道基础施工前，应在各个平台使用水准仪引测标高控制点，并与邻近集热器立柱标高进行复核，确保管道基础、管道及上下平台两排桩管道连接口标高差，避免造成部分支架与集热器标高差存在误差，需要整改，造成返工。因此，在集热器管道基础施工前，要求建设方提供准确的一级控制点，在引测二级控制点过程中，严格复测，确保各控制点准确。

母管基础周围布置进出口承台基础、桩基础，中广核德令哈 50MW 槽式光热发电项目施工过程中，因母管基础工期紧张，因此优先施工母管基础，然后再施工进出口基础，在进出口基础施工过程中，安装专业管道开始安装，土建与热机两个专业交叉施工，严重影响到进出口基础的材料运输、混凝土浇筑，造成施工工期延长，且土建专业在施工过程中也影响到管道安装。因此，母管基础及周围基础施工前，统筹安排施工顺序，将同一标高、同一区域的基础同时进行施工，因承台基础开挖工作面较大，影响到桩基础施工，可分两次完成，在工期紧张情况下，应加大人、机、料的组织，将该区域所有基础按进度工期施工完成，全面移交安装专业。

每个施工平台均有设计管道基础，因此管道基础施工范围特别大。材料（主要是模板、木方、钢筋等材料倒运），需要配置多台运输车，建议拖拉机 3 台，方能满足材料运输需求。

每个平台管道基础距离较远，间距 10～20m，大部分基础开挖为独立基础开挖，造成定位放线、测量标高难度加大，因此需要增加测量人员。施工全面展开阶段，测量人员及配合人员需要 10 人左右。

第四节　太阳岛排水沟施工

一、工程概况

中广核德令哈 50MW 光热发电项目集热场区排水沟为预制式排水沟，包括 UD40、UD50、UD60、UD80、UD100、UD120 等 6 种型号。其中 UD40、UD50 采用整片预制，其余采用 1/2 片预制。厂区排水沟全长 13622.08m，UD40 排水沟长 1883.76mm，UD50 排水沟长 1584.04m，UD60 排水沟长 2813.6m，UD80 排水沟长 6237m，UD100 排水沟长 400m，UD120 排水沟长 703.68m。排水沟两端布置人孔、混凝土管涵及浆砌片石沟道连接厂外排水沟，各平台之间排水沟连接处设计有钢筋混凝土排水沟、跌水槽。布置在已经安装好的太阳岛管道下方的排水沟如图 5-4-1 所示。

图 5-4-1 布置在已经安装好的太阳岛管道下方的排水沟

二、工程特点

排水沟单块预制件长 500mm，采用 C30 素混凝土。人孔为钢筋混凝土结构，长 1m，宽 $W+0.4$m（W 为连接排水沟宽度），壁厚 0.15m。混凝土圆管为预制混凝土结构，规格为 $DN800$、$DN1200$。钢筋混凝土排水沟长 6.5m，宽 1.5m。跌水槽采用素混凝土，长 1m，宽 $0.58\sim0.78$m，高 $0.32\sim0.37$m。钢筋主要有 HPB300 级 $\phi12$ 钢筋及 HRB400 级 $\phi12$ 钢筋。太阳岛管道下方的排水沟主要工程量见表 5-4-1，主要施工机械、工器具见表 5-4-2。

表 5-4-1   太阳岛管道下方的排水沟主要工程量

序号	名称	数量	序号	名称	数量
1	土方	11000m³	6	UD60 排水沟	2813.6m
2	混凝土	1100m³	7	UD80 排水沟	6237m
3	钢筋	0.9t	8	UD1000 排水沟	400m
4	UD40 排水沟	1883.76m	9	UD120 排水沟	703.68m
5	UD50 排水沟	1584.04m			

表 5 - 4 - 2　　　　　　　　　　太阳岛排水沟主要施工机械、工器具

序号	机械或设备名称	型号规格	数量	施工部位及用途
1	U 形槽成型机		8	预制排水沟、UD60、UD80 各两个
2	搅拌机	JZC350	1	搅拌混凝土
3	平板车	8t	1	运输排水沟
4	挖掘机	$0.5m^3$	1	排水沟开挖、回填
5	全站仪	拓普康	1	定位测量
6	GPS	南方	1	基准点测量
7	水准仪	拓普康	1	标高测量
8	磅秤	500kg	1	混凝土材料称重

三、施工技术措施

1. 施工工艺流程

排水沟施工工艺流程如下：混凝土搅拌→预制排水沟浇筑→预制排水沟养护→排水沟开挖→排水沟安装→排水沟两侧回填→伸缩缝填充。

2. 排水沟预制

根据预制排水沟混凝土强度等级要求进行混凝土配合比试验，配合比试验合格后方可搅拌，混凝土由排水沟预制施工队自行搅拌。

对拌制混凝土所用的水泥、砂子、石子等材料送检，检验合格后方可施工。预制排水沟混凝土拌制时，严格按照配合比要求拌制，各材料计量使用磅秤或具有刻度计量器具，混凝土搅拌完成在 2h 内使用完成。

根据排水沟规格尺寸，调整排水沟成型机械，确保浇筑完成排水沟预制块尺寸符合图纸要求。混凝土浇筑时采用振捣棒振捣或机械自振捣，若使用振捣棒振捣，振捣棒采用 $\phi30$ 插入式振捣棒，每个预制块安排 1 名振捣工进行，振捣间距 300~400mm，振捣时间为 20s 左右。若采用机械自振捣，振捣时间根据机械性能决定，必须保证混凝土密实；混凝土振捣至表面不明显下沉、不再出现气泡、表面泛出灰浆时，可结束振捣。

预制排水沟上表面压光处理，混凝土初凝前抹压完成，抹压遍数为 2~3 遍。

当混凝土强度保证其表面及棱角不损坏时即可拆除机械模具，然后覆盖保湿养护 7d 后方可运输至现场安装。

排水沟预制后根据规格型号分类摆放整齐。

3. 排水沟安装

根据图纸位置进行定位放线，并确定场地标高，然后开挖排水沟，所用挖掘机挖斗尺寸与排水沟型号相近。开挖前撒白灰标记，开挖沟槽要顺直。

预制排水沟运输采用平板车进行，平板车运输过程中速度不宜过快，装卸过程中注意排水沟的保护，严禁碰撞其他物体，造成排水沟破损，排水沟碰撞后表面出现轻微裂缝及掉脚，修复后使用，若出现贯通裂缝或大块掉脚，报废处理。

1/2 半型 UD120 排水沟预制件的质量为 68kg，因此所有排水沟采用人工进行安装及搬运。开挖完成后尽快进行排水沟安装，排水沟安装时拉设控制线，确保安装顺直，排水沟顶面与地面平齐。

4. 水沟两侧回填

排水沟与沟槽缝隙使用砂砾回填，对沟槽开挖宽度较宽沟槽，回填时每 300mm 一层，并使用打夯机夯实，经试验室取样合格后，方可回填上一层；对沟槽与排水沟宽度相近沟槽，无法采用打夯机夯实，采用木方分层捣实。

5. 排水沟伸缩缝填充

预制排水沟之间缝隙预留 5～10mm，采用水泥砂浆填充，抹面与排水沟表面平齐，并压光处理。

每间隔 4～6m 设置伸缩缝一道，缝宽 20mm，填充沥青麻絮，沥青麻絮挤压密实，表面使用沥青封堵。

6. 现浇结构施工

人孔及钢筋混凝土沟需要现场施工完成，所需钢筋在钢筋加工场加工完成。钢筋应有出厂质量证明书及检验报告，钢筋表面或捆（盘）钢筋应有标志，进场时分批检验，检验的内容包括查标志、外观检查，并按现行国家有关标准的规定抽取试样作力学性能试验，合格后方可加工。按照图纸设计编制钢筋下料表，根据下料表进行加工，加工后的钢筋根据不同的构件部位、不同规格分堆编号放置，便于使用时查找，钢筋加工完成及时进行验收，验收合格方可安装。钢筋绑扎尺寸、间距、位置准确、规格、数量正确，使用塑料或混凝土垫块保证钢筋保护层厚度。钢筋绑扎完成及时进行验收，合格后进行下一步施工。

现浇排水沟、人孔模板选用 15mm 厚的普通木模板，第一道背楞采用 80mm×50mm 木方，间距不大于 350mm，水平向布置；第二道背楞采用两根 $\phi48×3.6mm$ 脚手管，间距不大于 600mm，竖向布置，并用 $\phi12$ 对拉螺栓进行加固。模板拼缝采用双面胶带粘贴，以防漏浆。模板体系外侧使用钢管加固避免模板扭曲变形，钢管支设在边坡上，支设间距竖向间距 800mm，水平间距 1000mm。模板安装后，钢筋保护层垫混凝土垫块，垫块厚度 35mm，间距 1m。

模板支设前应先涂刷好脱模剂，脱模剂应涂刷均匀、无漏涂，无流淌现象。用水准仪引测好模板支设的标高，浇灌混凝土过程中，要有专人看护模板，在出现问题时及时处理。拆模应用专用工具，禁止使用尖利器具，避免混凝土受力集中将混凝土挤坏，模板随拆随运，加强拆模过程中的成品保护。

在浇筑混凝土之前，应检查模板位置及加固状况，钢筋规格、数量、位置以及保护层的尺寸，其偏差值应符合。人孔及现浇排水沟侧壁较薄，混凝土浇筑时，注意振捣棒不得碰撞模板、埋件，振捣棒采用 $\phi30$ 插入式振捣棒。振捣间距 400mm，振捣时间 30s 左右，混凝土浇筑时分层浇筑，分层混凝土厚度不超过 300～500mm，上下层混凝土浇筑间隔不得超过混凝土的初凝时间，混凝土浇筑完成，表面压光处理，混凝土初凝前完成压光，抹压 2～3 遍。混凝土浇筑完成终凝前覆盖塑料薄膜保湿养护，养护时间为 7d。

四、评价及经验教训

排水沟位于每个平台南侧，承接各平台雨水，由于场地标高与设计标高有误差，最大偏差值 300mm 左右，影响排水沟开挖安装时的标高控制，为确保排水沟上沿低于临近场地标高，需根据现场实际地坪标高施工，影响的是施工进度。因此在施工前进行场地移交时，要复测场地标高偏差，若出现较大偏差，及时与业主发函进行整改。

排水沟在安装时要随安随勾缝，尤其是半片式的沟板，如有机械在排水沟附近扰动或人员不慎踩到未勾缝排水沟板，容易造成沟板移位，需要重新调整，造成返工。如遇雨雪天气，由于场地土质为沙砾土质，容易随水流动，如未勾缝使沟板连为一个整体极易造成沟板上浮、移位，会造成大量返工。因此，需注意排水沟要随安装随勾缝。

第六章

太阳岛集热器安装技术

工程概况

一、发电技术简介

中广核德令哈50MW槽式光热发电项目采用抛物面槽式（PTC）导热油太阳能光热发电技术，建设190个槽式集热器标准回路，设置一套双罐二元硝酸盐储热系统（储热容量1300MW·h），并设计、建设一套50MW规模的中温、高压、一次再热的水冷汽轮发电机组（汽机额定功率55MW，发电机额定功率60MW），采用城市自来水作为原水。

集热器是实现系统集热的最小完整单元。一个单元由抛物面反射镜支撑结构或（塔架结构）、连接管（集热管）、跟踪驱动模块、防凝固加热系统（电加热和伴热）组成。只有从集热器安装、集热管焊接及检验、严密性试验等环节对其严格要求，才能实现整体设计功能。

每个集热器装置共含12个集热器单元，每个标准回路由四个集热器串联构成，全厂共190个标准回路；每个集热器单元尺寸约为12020mm×5453mm×3290mm，单重约3t，共计9120个集热器单元。导热油主管道共计约1780t，尺寸为$DN25\sim DN700$mm，分布于整个厂区内。

集热器主要由欧洲槽、集热管、驱动立柱组成。每个欧洲槽由28片凹面反射镜组装而成，组装弧度通过组装车间的数字照相测量系统拍照监控反馈调整；集热管位于集热器单元中心聚焦点处，为双层管道，规格为$\phi70\times3$mm，外侧层硼硅玻璃材质，内部为不锈钢材质。球连接部分为自由度为1的运动部件，由3个球铰焊接组成，球铰之间由密封环及石墨填充。驱动立柱为集热器单元转动的动力装置，为液压驱动。集热器单元通过安装倾角仪追踪太阳角转动，导热油管道中的油温及油压通过回油温度元件及压力变送器测量。太阳岛集热器安装现场照片如图6-1-1所示。

图6-1-1　太阳岛集热器安装现场照片

二、集热器设备

1. 基本情况

集热器主机设备技术参数见表6－1－1，集热器其他设备名称及数量见表6－1－2。

表6－1－1　　　　　　　　　　集热器主机设备技术参数

序号	设备名称	规格型号	主要尺寸/mm	质量/t	数量	生产厂家
1	集热器单元		12020×5453×3290	3	9120	北京首航
2	驱动立柱			1.5	760	北京首航

表6－1－2　　　　　　　　　　集热器其他设备名称及数量

序号	设备名称	单位	数量	序号	设备名称	单位	数量
1	集热器立柱	个	9120	3	导热油管道	t	1730
2	集热管	根	27360	4	球连接	个	4560

2. 开箱检查

设备到场后应由建设、监理、制造、设计、设备保管等相关单位共同开箱查验设备的规格、数量和外观完好情况，作出记录并经各方签证。对有缺陷的设备应按合同约定进行处理。

设备开箱时应检查下列技术文件：

（1）设备供货清单及设备装箱单。

（2）设备出厂质量证明文件、检验试验记录和缺陷处理记录。

（3）主要零部件材料的材质性能证明文件。

（4）设备的安装、运行、维护说明书和相关技术文件。

3. 设备装卸和搬运

对于设备装卸和搬运，除应执行《电力建设安全工作规程》（DL 5009.1）的规定外，尚应符合下列规定：

（1）宜使用设备制造厂提供的装卸专用工具，如无专用工具时应根据设计文件或厂家技术资料进行装卸。

（2）起吊时应按箱上指定吊装标识部位绑扎吊索，吊索与起吊物棱角接触受力处应加衬垫物。

（3）应检查设备或箱件的重心位置，防止设备移动引起重心偏移或倾倒。

（4）对刚性较差的设备，应采取措施防止变形，如有设备厂技术要求时执行技术要求。

（5）应核实运输路面的运载能力，必要时采取相应的措施，防止意外发生。

（6）碳钢吊具、吊索不得直接与不锈钢材质的设备接触。

4. 设备开箱检查注意事项

（1）在开箱检查时，应防止损伤和损坏设备及零部件。对装有精密设备的箱件，应注意对加工面妥善保护。

（2）设备开箱检查后暂不安装时应重新封闭，露天放置的箱件，应采取有效的防护措施。

（3）装箱设备的配件及专用工具应成套保管。

5. 设备保管

（1）设备管理人员应熟悉设备保管规程和集热器部件设备的特殊保管要求，及时检查存放情况，保持设备完好。

（2）设备安装前的保管应符合《电力基本建设火电设备维护保管规程》（DL/T 855）的规定。

（3）设备和器材应分区、分类存放，标识清晰，并应符合下列要求：

1）存放区域应有明显的区界和消防通道，并具备可靠的消防设施和有效的照明。

2）大件设备的存放位置应根据施工顺序和运输条件，按照施工组织设计的规定合理布置，以减少二次搬运。

3）设备应支垫稳固、可靠，存放场地排水应畅通，并应有防撞、防冻、防潮、防尘和防倾倒等措施。

4）存放地点和货架应具备足够的承载能力。

5）仪器、仪表及精密部件应存放在货架上或按要求放置在保温库内。

6）管材、管件和部件应标识明确、分类存放，避免混淆。

7）涉及电气、热控及有特殊要求的设备应采取防止小动物进入的措施。

8）设备在安装前，如发现有损坏或质量缺陷，应及时通知有关单位共同检查确认，并进行处理。

（4）设备中的零部件和紧固件安装前应按《火力发电厂金属技术监督规程》（DL/T 438）规定的范围和比例进行光谱检验、无损探伤检验、金相检验、硬度检验，并与制造厂图纸和相关标准相符。

（5）随设备提供的材料应有质量证明文件，在核查中对材料质量有质疑时，应进行复检。

（6）外委加工和现场加工配制的成品或半成品，应按本部分的有关规定进行检验，合格后方可使用。

（7）对安装就位的设备应加强成品保护，防止设备在安装期间损伤、锈蚀、冻裂。对经过试运行的主要设备，应根据制造厂对设备的有关要求，制定维护保养措施，经监理审定后，妥善保管。

第二节　集热器安装前准备工作

一、验收土建工程

（1）集热器安装前期，由监理组织土建专业、安装专业进行图纸会检，明确施工界面及质量责任。

（2）除应执行《电力建设施工技术规范》（第1部分土建结构工程）（DL 5190.1）基础施工要求外，还应满足下列要求：

1）基础工程的施工测量放线应按现行国家标准《工程测量规范》（GB 50026）的相关规定执行，定位控制点和水准点应设在不受施工影响的区域，并应采取措施妥善保护。

2）基础预埋螺栓的尺寸允许偏差应满足设计图纸和厂家技术资料要求，如无要求时应符合表6-2-1的规定。

表6-2-1　　　　　　　基础预埋螺栓的尺寸允许偏差　　　　　　　单位：mm

序号	项　目　名　称	允许偏差
1	同组基础螺栓中心与轴线的相对位移偏差	≤2
2	预埋各组螺栓中心之间的相对位移偏差	≤2
3	外露长度（顶标高）	0～10
4	垂直偏差	<L_6/450

注　L_6为预埋螺栓长度。

3）现浇混凝土基础允许偏差应符合表6-2-2的规定。

表6-2-2　　　　　　　现浇混凝土基础允许偏差　　　　　　　单位：mm

序号	项目名称	允许偏差	序号	项目名称	允许偏差
1	纵轴线位移	±2	3	单元纵轴线位移	≤2或者≤-2
2	横轴线位移	±5	4	单元横轴线位移	±5

（3）基础交付安装时应具备下列技术文件：

1）设备基础的验收记录。

2）混凝土强度试验记录。

3）基础上的基准线与基准点。

4）沉降观测记录。

二、准备设备安装文件

（1）设备安装应根据下列制造厂图纸、技术文件和设计文件进行：

1）设备供货清单及设备装箱单。

2）设备出厂质量证明文件、检验试验记录和缺陷处理记录。

3）主要零部件材料的材质性能证明文件。

4）设备的安装、运行、维护说明书和相关技术文件。

（2）施工组织设计中集热器安装施工方案。

（3）作业指导书。

（4）工程技术人员和施工人员应理解并熟悉制造厂图纸、施工图纸及有关技术文件，施工前应进行技术交底。

三、布置施工场地

施工场地应按施工组织专业设计合理布置，并符合下列规定：

（1）临时放置设备和材料的场地应满足相应载荷要求。

（2）水、电、照明等力能供应应满足施工需求。

（3）安全设施、消防设施的设置及易燃、易爆、腐蚀、辐射源的使用存放应符合规定。

（4）基建施工和生产运行区域的隔离设施应有明显标识。

（5）起重运输机械的使用与管理应符合国家关于特种设备安全监察的要求和《起重机安全使用》（GB/T 23723）、《起重机检查》（GB/T 23724）、《起重机械使用管理规则》（TSG Q5001）的规定。

（6）施工过程中，应做好施工技术记录和验收签证，并及时整理。所有工程变更均应在施工图上标识。

（7）设备安装应符合下列绿色施工规定：

1）场地平面布置应优化工艺流程、缩短运距。

2）提倡采用新技术、新工艺、新设备、新材料，不得使用高污染的工艺技术。

3）施工场地应有畅通的永临结合的环形通道，并减少占地。

4）周转料具应定期维护保养，提倡使用节能环保的施工设备和机具，并提高使用率。

5）设备安装过程产生的废弃物应按可回收、不可回收、有害分类处置。

6）临时用电线路应布置合理、安全，宜选用节能灯具。

7）抑制扬尘宜控制水量，试验用水宜回收利用。

8）现场噪声控制应按照《建筑施工场界噪声限值》（GB 12523）执行。

9）应避免设备安装过程中放射源的射线伤害，减少电焊弧光污染。

第三节 集热器安装施工工序

集热装置安装主要包含立柱安装、集热器安装、集热管安装、球连接安装。集热器回路支架结构分为常规终端支架、常规中间支架、加强中间支架、驱动支架。集热管采用预组装焊接的方式进行施工。集热器安装工程施工工序如图 6 - 3 - 1 所示。

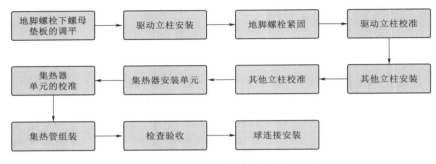

图 6-3-1　集热器安装工程施工工序

第四节　集热器驱动支架立柱安装

一、地脚螺栓下螺母垫板的调平

集热器立柱下面设计有调平螺母及垫板，所以立柱全部采用无垫铁施工方案。集热器支架立柱调平螺母的高程允许偏差为±5mm，同时厂区南北方向存在1‰的坡度（相当于0.6°的倾角，向南坡），即集热器北侧的地脚螺栓调平螺母设计标高要高于南侧的地脚螺栓调平螺母，如图6-4-1所示。

图 6-4-1　集热器支架立柱调平螺母调整

在进行调平螺母调整之前，支架立柱的下垫板必须已经正确安装，每个基础上的北侧两个垫板调整完后，再将南侧两个螺母上的垫板标高根据图纸进行调整。

保证地脚螺栓尽量位于支架预留螺栓孔的中心，如图6-4-2所示，以方便在后续微调时可最大限度地利用支架预留螺栓孔的侧面空间。

二、驱动支架安装

1. 驱动支架头部的对正

驱动支架安装之前必须根据驱动支架上的标志和组装图上的指示，确定有效载荷点

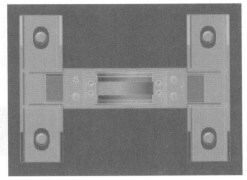

图 6-4-2 支架立柱安装地脚螺栓位于预留孔中心位置

后再进行起吊作业。吊装过程中，确保驱动支架立柱位置、方向符合图纸设计。驱动支架头部的对正如图 6-4-3 所示。

图 6-4-3 驱动支架头部的对正

2. 驱动支架紧固

由于集热器安装完毕或中途停止时，要将集热器旋转到安全位置，因此驱动装置在安装前需要预先启动。在安装驱动支架和集热器单元期间任意时段内检查现场驱动立柱的液压系统是否正常工作，即能否使用控制面板使驱动装置运转到安全位置。

驱动支架立柱安装到正确位置后，必须正确紧固后方可移开吊装设备。集热器支架立柱就位后的上部螺母紧固如图 6-4-4 所示。

3. 安装

常规中间支架、加强中间支架和终端支架等其余支架的安装方法与驱动支架立柱一致，但不包含驱动控制装置的设定。

图 6 - 4 - 4　集热器支架立柱就位后的上部螺母紧固

4. 支架的校准

（1）厂区存在 1% 的南北向坡度，根据图纸设计的桩基中心点坐标和支架立柱的高程，计算出安装在支架立柱上面轴承座的中心点坐标。

（2）确定全站仪放置位置，并测算出每个支架立柱轴承座的中心坐标。

（3）通过 X 和 Y 方向移动来调整支架立柱的水平位置，通过调整支架立柱下面的调平螺母来调整支架标高，当支架立柱轴承座调整到设计位置后，地脚螺栓进行紧固（支架立柱上部螺母紧固时要按照对角紧固顺序），保证支架不会移动。

（4）支架立柱紧固之后，通过全站仪对支架立柱上面轴承座的中心点坐标及各支架立柱与驱动立柱的间距进行测量检测，集热器轴承座中心点坐标在轴线方向上的直线度允许偏差为 $\phi 10\text{mm}$，各支架立柱与驱动支架立柱的间距允许偏差为 ±5mm。

（5）记录调整好的数据值。

图 6 - 4 - 5 所示为驱动支架的调试现场，图 6 - 4 - 6 所示为安装调试就绪后的驱动支架。

（a）调试过程（一）　　　　　　　　　　　（b）调试过程（二）

图 6 - 4 - 5　驱动支架的调试现场

图 6-4-6 安装调试就绪后的驱动立柱

第五节 集热器单元的安装与校准

一、集热器单元的安装

1. 基本要求

（1）不同类型的集热器单元（如常规型和加强型）必须严格按照图纸设计进行现场安装。

（2）集热器单元通过特制的拖车运到现场，如果可以，集热器运输到现场之后就要立即安装。图 6-5-1 所示为集热器单元模块的运输。

图 6-5-1 集热器单元模块的运输

2．安装注意事项

（1）集热器单元安装时必须从驱动立柱开始，驱动立柱南北两侧的集热器单元在安装时，要同一方向进行。

（2）检查每个支架立柱轴承座的清洁度，确保集热器安装之前轴承座的清洁，此工作十分重要。

（3）使用吊车和特制的平衡梁，将集热器单元从拖车上起吊并安装到支架立柱上，如图6-5-2所示。

图6-5-2　集热器单元模块的吊装

3．安装集热器单元

（1）将25t汽车吊站位在两排集热器单元之间的位置，进行吊装作业，通过预先绑在集热器单元上的绳子来引导集热器单元吊装至支架处。

（2）通过设置在集热器单元前、后端面板上面的定位螺栓来连接集热器单元，确保集热器的直线度。

（3）在集热器单元中心螺栓对接后，附上4个备用螺钉连接以保证安全，这些备用的螺钉直到集热器单元都校准后，才能用紧固螺栓换下。图6-5-3所示为集热器单元定位销。

之后重复上述步骤，直到12个集热器单元都安装完毕为止。

二、集热器单元的校准

1．基本要求

集热器单元的校准必须在集热器装置中的所有集热器单元都安装好以后才能进行，校准过程不能中途中断，否则必须重新进行校准。

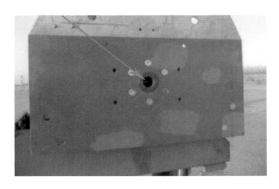

图 6-5-3　集热器单元定位销

2. 校准程序及注意事项

(1) 集热器单元的校准从驱动支架立柱处开始，驱动支架立柱两侧的 6 个独立集热器单元按照向北或者向南分别进行校准，调整时现场风速要低于 12km/h。

(2) 利用悬挂在集热器单元镜片支架上两侧的水平尺进行调整集热器水平度。集热器框架水平调整如图 6-5-4 所示。

(3) 当集热器单元校准后，必须固定它们的位置，直到安装好紧固螺栓。

(4) 将水准仪放置在地面上合适的高度进行测量，并对比支架上两侧的水平尺的读数。

(5) 通过使用千斤顶来调整集热器单元，直到支架上两侧的水平尺的度数差为 1mm。

(6) 当集热器单元调整到指定位置后，必须采取固定措施直到锁紧螺栓安装并紧固。当集热器单元通过锁紧螺栓固定后，可以移除临时固定用的螺栓。

图 6-5-4　集热器框架水平调整

集热管焊接与安装

一、集热管安装前准备工作

（1）由于集热管接头处的材质为不锈钢，因此在运输、安装过程中要与碳钢管道进行隔离，且不准直接放置于地面，吊装工具应选用吊带，以防管道表面划伤及造成二次污染。

（2）管道安装前必须彻底清理内部的杂物，施工中断时必须及时封口，重新施工开封后，必须专人检查管道内部确无异物，方可正式对口。在装配车间内将 3 根集热管组装成 12m 长。

（3）钢材材质应符合设计选用标准的规定，进口钢材必须符合合同规定的技术条件。钢材应附有材质合格证书。首次使用的钢材在进行焊接工艺评定前，应收集焊接性资料和其他热加工方法的指导性工艺资料。

（4）焊接材料应根据钢材的化学成分、力学性能、使用工况条件和焊接工艺评定的结果选用。异种钢焊接材料的选用原则应符合《火力发电厂异种钢焊接技术规程》（DL/T 752）的规定。同种钢焊接材料的选用应符合以下基本条件：

1）熔敷金属的化学成分和力学性能应与母材相当。

2）焊接工艺性能良好。

（5）焊接材料的质量应符合国家标准的规定，焊接工程中使用的进口焊接材料应在使用前通过复验确认其符合设计使用要求。

（6）焊接材料的存放、管理应符合《焊接材料质量管理规程》（JB/T 3223）的规定。

（7）焊条、焊剂在使用前应按照其说明书的要求进行烘焙，重复烘焙不得超过两次。焊接重要部件的焊条，使用时应装入保温温度为 $80\sim110℃$ 的专用保温筒内，随用随取。

（8）焊丝在使用前应清除锈、垢、油污。

（9）焊接用气体保护焊使用的氩气应符合《氩》（GB/T 4842）的规定。

（10）焊接设备（含无损检测设备）及仪表应定期检查，需要计量校验的部分应在校验有效期内使用。所有焊接和焊接修复所涉及的设备、仪器、仪表在使用前应确认其与承担的焊接工作相适应。

二、集热管组焊基本要求

（一）一般规定

（1）焊接工程应按照《焊接工艺评定规程》（DL/T 868）或《承压设备焊接工艺评

定》（NB/T 47014）进行焊接工艺评定，编制焊接工艺（作业）指导书。

（2）焊接工程的质量验收工作按照《电力建设施工质量验收规程》（DL/T 5210.5）的规定执行。

（3）焊接工作应遵守国家和行业的安全、环保规定和其他专项规定。

（二）焊接人员应具备的条件

1. 焊接技术人员

（1）焊接技术人员应经过专业技术培训，取得相应的资格证书。

（2）焊接技术人员应有不少于一年的专业技术实践。

（3）在焊接工程中担任管理或技术负责人的焊接技术人员应取得相应专业中级或以上专业技术资格。

2. 焊接质量检查人员

（1）焊接质量检查人员应具有初中以上文化程度，具有三年及以上实践工作经验。

（2）焊接质量检查人员应经过专门技术培训，具备相应的质量管理知识，并取得相应的资格证书。

3. 焊接检验、检测人员

（1）无损检测人员按照《电力工业无损检测人员资格考试规则》（DL/T 675）或《特种设备无损检测人员考核规则》（TSG Z8001）的规定参加考核并取得相应的技术资格。

（2）从事金相、光谱、力学性能检测的人员，应按照《电力行业理化检验人员资格考核规则》（DL/T 931）的规定取得相应的资格。

（3）焊接检验、检测人员的资格证书应在有效期内。

（4）评定检测结果，签署无损检测报告的人员应由Ⅱ级及以上人员担任。

4. 焊工与焊机操作工

从事焊接工作的焊工与焊机操作工应按照《焊工技术考核规程》（DL/T 679）或《特种设备焊接操作人员考核细则》（TSG Z6002）的规定参加焊工技术考核，取得相应资格。

三、坡口制备及组对要求

1. 一般要求

（1）焊口的位置应避开应力集中区，且便于焊接施工。

（2）管接头和仪表插座一般不可设置在焊缝或焊接热影响区内。

（3）管孔不宜布置在焊缝上，并避免管孔接管焊缝与相邻焊缝的热影响区重合。当无法避免在焊缝上或焊缝附近开孔时，应满足以下条件：

1）管孔周围大于孔径且不小于60mm范围内的焊缝及母材，应经无损检测合格。

2）孔边不在焊缝缺陷上。

（4）焊件组对的局部间隙过大时，应设法修整到规定尺寸，不应在间隙内加填塞物。

（5）除设计规定的冷拉焊口外，其余焊口不应强力组对，不应采用热膨胀法组对。

2. 坡口加工

（1）焊接接头的形式应按照设计文件的规定选用，焊缝坡口应按照设计图纸加工。

（2）如果设计文件无规定时，焊接接头形式和焊缝坡口尺寸应按照能保证焊接质量、填充金属量少、减小焊接应力和变形、改善劳动条件、便于操作、适应无损检测要求等原则选用。

（3）焊件下料与坡口制备宜采用机械加工的方法。

（4）坡口内及边缘 20mm 内母材无裂纹、重皮、坡口破损及毛刺等缺陷。

（5）焊件组对时，其坡口形式及尺寸符合图纸要求或符合表 6-6-1 规定。

表 6-6-1　　　　　　　　　焊接接头坡口形式及尺寸

序号	接头类型	坡口形式	图　形	焊接方法	自动化程度	接头结构尺寸		
						α	b/mm	p/mm
1	对接	I形		GTAW	自动	—	0～0.5	—
2	对接	V形		GTAW	自动	35°～40°	0～0.5	0
3	对接	V形		GTAW	手工	30°～35°	0.5～4	0～0.5

3. 焊口组对及检查

（1）集热管组对前应将坡口表面及附近母材（内、外壁）的油、漆、垢、锈等清理干净，并用丙酮或酒精清洗。

（2）集热管组对时应做到内壁（根部）齐平，必须保证集热管同心度符合设计要求，一般应控制在 1mm 以内。

（3）集热管组对的对口间隙应符合表 6-6-1 规定。

（4）组对前应对集热管进行检查，集热管外部玻璃管应无划痕无破损，集热管镜斑正常无变色现象，真空度完好。

（5）集热管组对时，应使集热管真空嘴在同一条直线上。

4. 焊接环境要求

（1）允许进行焊接操作的最低环境温度因钢材不同分别为：

1）碳钢材料为 -10℃。

2）不锈钢材料不作规定。

最低环境温度可在施焊部位为中心的以 1m 为半径的空间范围内测量。

（2）焊接现场应该具有防潮、防雨、防雪、防风设施。

（3）气体保护焊，环境风速应小于 2m/s；其他焊接方法环境风速应小于 8m/s。

（4）不锈钢层间温度应控制在 150℃以下。

5. 焊接方法与工艺

（1）根层焊道应采用氩弧焊焊接。

（2）除非确有办法防止根层焊道氧化，集热管焊接时，内壁或焊缝背面应充氩气或混合气体保护，并确认保护有效。

（3）不应在被焊工件表面引燃电弧、试验电流或随意焊接临时支撑物。

（4）焊接时，管子内不应有穿堂风。

（5）定位焊时，焊接材料、焊接工艺等应与正式施焊时相同外，还应满足下列要求：

1）焊缝定位焊接后，应检查各个定位焊点质量，如有缺陷应清除，重新进行定位焊。

2）焊接时，应采用必要的措施将波纹管等进行保护，防止集热管波纹管等的损伤。

6. 质量检验

（1）焊接质量的检查和检验，实行三级检查验收制度，采用自检与专业检验相结合的方法，按照《电力建设施工质量验收规程》（DL/T 5210.5）进行焊接工程质量验收。

（2）焊接质量检查应包括焊接前、焊接过程中和焊接结束后三个阶段。焊接接头的质量检查按照先外观检查后内部检查的原则进行。

（3）焊接前检查应符合下列规定：

1）坡口表面的清理应符合本标准的规定。

2）坡口加工应符合设计要求或表 6-1-1 的规定。

3）对口尺寸应符合表 6-6-1 的规定。

（4）焊接过程中的检查应符合下列规定：

1）层间温度应符合本标准规定。

2）焊接工艺参数应符合工艺指导书（焊接作业指导书）的要求。

3）焊接结束后的外观检查应符合表 6-6-2 的规定，外观检查不合格的焊缝，不允许进行其他项目检验。

表 6-6-2　　　　　　　　　　对接接头焊缝外观尺寸

检查项目	检 查 要 求		
	不合格	合格	优良
焊缝余高	>3mm	0～3mm	0～2mm
焊缝余高差	>2mm	≤2mm	≤1mm
焊缝宽度	每侧比坡口增宽大于 2mm	每侧比坡口增宽小于 2mm	每侧比坡口增宽小于 1mm

4）焊工应对所焊接头进行外观检查，必要时焊接质量检查人员应使用焊缝检验尺或 5 倍放大镜对焊接接头进行检查。

（5）焊接接头无损检测。

1）除合同和设计文件另有规定，焊接接头无损检测的工艺质量、焊接接头质量分级应根据部件类型特征，分别按《金属熔化焊对接接头射线检测技术和质量分级》（DL/T 821）、《管道焊接接头超声波检验技术规程》（DL/T 820）、《承压设备无损检测》（NB/T 47013）的规定执行，焊缝射线检验的质量等级为Ⅱ级，超声波检验的质量等级为Ⅰ级。对同一焊接接头同时采用射线和超声波两种方法进行检测时，均应合格。

2）无损检测比例按照设计要求或合同要求执行，若设计和合同无要求，按照《火力发电厂焊接技术规程》（DL/T 869）执行。

3）无损检测的结果若有不合格时，应对该焊工当日的同一批焊接接头中按不合格焊口数加倍检验，加倍检验中仍有不合格时，则该批焊接接头评为不合格。

4）对修复后的焊接接头，应 100％进行无损检测。

四、集热管焊接注意事项

（1）集热管焊接连接时，每一段集热管上面的真空指示点要调整到同一个方向。

（2）将组合好的集热管用特别改装的拖车运至现场，当集热管从专门运输车辆上卸下来以后，就被移交到拖车平台上的工作组人员手中，放置在集热管支架的紧固件上。固定时只能在集热器单元中间位置的两个集热管支架上先进行固定，待集热管的两端焊接后方能固定集热器单元两侧位置的支架，集热管组焊如图 6-6-1 所示。

（a）组焊　　　　　　　　　　　　　　（b）焊缝

图 6-6-1　集热管组焊

（3）当集热管固定到支撑托架上时，应当确保集热管的安装位置与制造商要求的一致。如果制造商没有明确说明，每个集热管部分的安装位置必须确保真空度指示剂（银色圆点）面向镜面 180°的位置，即背视集热管。这样可以防止当聚焦太阳光时，真空度指示剂过热，损坏集热管的外层玻璃。

（4）集热管焊接时应从驱动支架立柱处开始，焊接工作的第一步是将两段集热管通过点焊来调整集热管对口，集热管焊接完成后安装在集热管支架上并紧固支架，如图 6-6-2 和图 6-6-3 所示。

（5）导热油系统注油调试之前不能拆除集热管上面的保护膜。

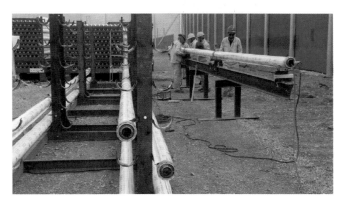

（a）集热管预组装

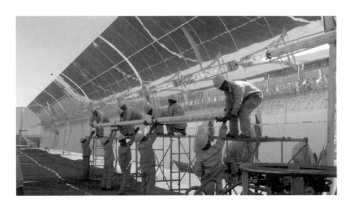

（b）集热管现场组装

图 6-6-2　集热管现场组装

（a）集热管的现场焊接

图 6-6-3（一）　集热管现场安装焊接

（b）集热管的固定端焊接

图 6-6-3（二）　集热管现场安装焊接

第七节　球连接安装

一、基本要求

在安装球连接时，集热器要被移动到最低的位置。安装球连接组合时，需要用起重机将球连接组合抬升到安装位置，并在校准、固定和点焊焊缝时保持在安装位置不动，球连接安装如图 6-7-1 所示。

图 6-7-1　球连接安装

二、终端支架单个球连接安装

在终端支架单个球连接组合的安装与双球连接组合在共享支架上的安装方式类似，一个末端与集热管相连，另一个末端与互连管或立体交叉管相连，球连接焊接如图 6-7-2 所示。

图 6-7-2 球连接焊接

三、施工注意事项

（1）为确保支架安装精度，每一个基础地脚螺栓下螺母调平过程必须在一把钢尺和一个机械式水平仪的帮助下完成。

（2）集热器支架校准时，为消除高温与强风对测量精度的影响，应当在早晨或傍晚时间进行定位。

（3）在安装集热器单元时共享支架需要一直保持平衡，因此每个集热器装置的最后一个集热器单元必须在同一天安装完毕。

第八节　技术创新

一、集热器基础施工技术创新

1. 研制预埋螺栓安装固定支架

集热器基础数量多，分布范围广，且预埋螺栓安装精度高，为提高基础及预埋螺栓安装精度，研制预埋螺栓安装固定支架，辅助预埋螺栓测量及固定。

为保证预埋螺栓固定支架的刚度，用方钢管作为骨架材料，根据预埋螺栓间距焊接成固定支架的主骨架，骨架中间上下焊接钢板增加支架刚度。用套丝圆钢作为支架的地面支撑，转动支腿调节支架高度，4 个支腿下部采用圆板套筒调节支架支腿平整度，减小螺栓固定支架对地压强。螺栓垫片内径同螺栓，支架螺栓孔比螺栓直径大 5mm，用于螺栓位置平面内调节。根据混凝土灌注桩上 4 个预埋螺栓间距，采用 5mm 厚钢板在加工厂中利用数控机床精加工出螺栓孔位置，并将 4 个螺栓中心十字轴线在钢板上精确刻出，在测量施工过程中使钢板正好卡在 4 个螺栓上，根据钢板十字轴线确定螺栓位置，如图 6-8-1 所示。

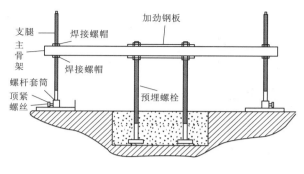

（a）专用预埋螺栓固定支架立面图　　　　　（b）专用预埋螺栓固定支架实物图

图 6-8-1　专用预埋螺栓固定支架

2. 研制专用定制模板

采用钢板在工厂内根据灌注桩基础桩头尺寸加工成半圆形专用定制模板，半圆模板上下沿口各焊接 3cm 钢板檐口，半圆侧壁对称分布加劲肋，提高钢模板的整体刚度，半圆对接处采用螺栓对接，螺栓口上下对称分布，保证模板对接后接缝严密，专用定制模板如图 6-8-2 所示。

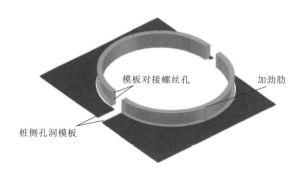

（a）专用钢模板模型图　　　　　　　　　（b）专用钢模板实物图

图 6-8-2　专用定制模板

3. 研制轮式混凝土专用存放卸料工具

螺栓定位专用工具安装后，占用一定混凝土卸料空间，影响到混凝土的浇筑，且光热发电项目作业面广，所以制作轮式混凝土专用放料工具，可方便移动，加快了混凝土浇筑速度，且放料器放料口设计有挡板，避免污染螺栓支架，防止混凝土对螺栓支架的冲击，轮式混凝土专用放料工具如图 6-8-3 所示。

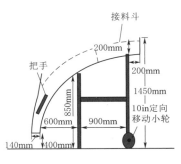 

（a）专用放料工具模型图　　　　　　　　　　（b）专用放料工具实物图

图 6-8-3　轮式混凝土专用放料工具

二、集热器安装技术创新

1. 集热器支架安装定位技术

每列集热器装置由 12 个集热器单元组成，集热器单元之间采用轴连接以实现传动，支架立柱作为支撑，为保证整列集热器同轴度，必须控制集热器支架及支架上方轴承座安装精度，同轴度要控制 x、y、z 三维坐标并保证 1% 的坡度。研制轴承座定位辅助工具，可实现单列槽式聚光集热器支架立柱的整体同轴度的快速高效调整，集热器支架轴承座直线度不大于 3mm。在集热器支架直线度调整过程中，通过使用全站仪棱镜装配工装，降低操作误差，使棱镜对点更加灵活、准确，实现支架快速调整找正，轴承座定位辅助工具如图 6-8-4 所示。

（a）轴承座定位辅助工具模型　　　　　　　　（b）轴承座定位工具的使用

图 6-8-4　轴承座定位辅助工具

2. 研制集热器吊装专用平衡梁

单台集热器长 12m、宽 5.7m，安装时一端直接放在支架轴承座上并由压条扣紧，另一端端板与相邻集热器端板通过螺栓连接。常规吊装方法可采用吊带直接吊装提升集热器，但同一集热器中段与两端受力不均，容易造成集热器损坏变形。针对集热器吊装时轴端连接、跨距大、卡销连接的难题，设计并制作了集热器吊装专用平衡梁，吊装过程中更加平稳安全，并可通过缆绳控制集热器就位，集热器两端固定工作同时进行，实现吊装过程中集热器轴端的快速连接，单台集热器吊装时间控制在 8min 以内，提高吊装效率，如图 6-8-5 所示。

图 6-8-5　集热器采用平衡梁快速吊装

3. 研制带有刻度数值的标尺

针对集热器开口处弧形顶点位置高程要保证一致的要求，研制带有刻度数值的标尺，用于开口处弧形顶点位置高程的调整，解决在安装时相邻集热器间存在夹角的问题，如图 6-8-6 所示。集热器装置校准过程中使用千斤顶调节集热器高程差，存在千斤顶位置不易固定、调节困难等问题，通过设计、制作可以自由升降并更加牢固的辅助支架，提高了集热器装置校准的工作效率，保证了集热器装置校准的精度要求。

（a）集热器校准千斤顶　　　　　　　　　　　（b）集热器校准

图 6-8-6　集热器的对正

三、集热管焊接及安装技术创新

1. 研究集热管自动焊技术

集热管由不锈钢管、玻璃管罩壳两部分构成。针对集热管自身特点，研究集热管自动焊技术，实现了集热管快速组合焊接，如图8-6-7所示。使用集热管自动焊接设备时，在整个焊接过程中焊缝始终在氩气保护范围内，氩气保护效果好，焊接成形美观，焊接质量好，提高了施工效率。

（a）集热管自动焊机　　　　　　　　　　（b）集热管自动焊接作业

图6-8-7　集热管自动焊技术

2. 研制集热管焊接辅助装置

一个集热器单元需要三根集热管，在预制时根据集热管材料结构特点和施工经验，项目部科研小组研制了集热管焊接辅助装置，如图6-8-8所示。可对集热管玻璃管进行有效保护，保证集热管在组对时管道垂直度，减小焊接变形，保证热效率。

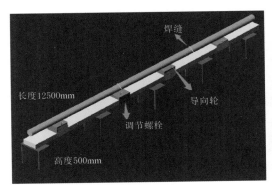

（a）集热管焊接辅助装置设计　　　　　　（b）集热管焊接辅助装置图

图6-8-8　集热管焊接辅助装置

3. 研制的可移动式内部充氩工具

集热管内管材质为 TP321 不锈钢管道，为保证根部焊接质量，必须进行充氩保护，集热管地面组合和高空安装全部为直管线，使用研制的可移动式内部充氩工具，在焊前将装置穿入管内，移动至相应焊接位置，形成密闭空间，一次放好，可多口重复使用。此充氩工具可保证焊缝充氩效果，节约氩气，提高施工效率，集热管充氩装置原理如图 6-8-9 所示。

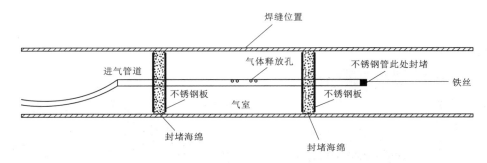

图 6-8-9　集热管充氩装置原理图

4. 研制集热管自熔式自动焊窥镜装置

由于集热管采用无间隙自熔式自动焊，焊接过程中无法通过对口间隙观察根部焊接情况，因此研制了窥镜装置，焊接结束后通过内窥镜装置观察根部焊接质量，更直观的掌握焊缝根部焊接质量，及时调整焊接参数，集热管自熔式自动焊窥镜原理如图 6-8-10 所示。

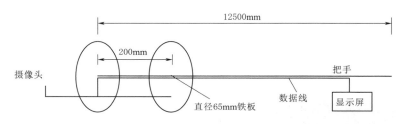

图 6-8-10　集热管自熔式自动焊窥镜原理图

内窥镜装置使用手机作为显示屏，摄像头通过 WiFi 与手机连接，转动摄像头操作杆便可清晰地观察到焊缝根部的质量情况。发现缺陷时可以拍照片储存到手机上，便于观察和分析造成缺陷的原因，并提前对所发现的缺陷进行处理，为焊口射线检测增加了一道保障，从而避免了因焊缝根部缺陷造成射线检测的浪费。

5. 制作集热管运输安装平台车

在组对焊接运输安装过程中极易破损，而且集热管价格昂贵，为有效保护玻璃管，制作了集热管运输安装平台车，如图 6-8-11 所示。此平台车在集热管安装焊接过程中可提供施工作业平台，有效地提高了集热管安装效率，降低了成本投入。

图 6-8-11 集热管运输安装平台车

四、集热器单元装配及运输技术创新

1. 制作悬臂组合模具、扭矩框组合模具及集热器元件组合模具

集热器单元由扭矩框、悬臂、反射镜和集热管支架组成，扭矩框由底板及顶板、侧板和两个终端板（后板和前板）组成。悬臂作为 28 片弧面反射镜的支撑结构，在扭矩框的两侧各有 14 个；每个集热器单元设置三个集热管支架，对集热管进行固定。为保证集热器单元组合精度，制作了悬臂组合模具、扭矩框组合模具及集热器元件组合模具，如图 6-8-12（a）、（b）、（c）所示，分别为集热器单元各组成部分提供定位参考，再通过近景照相测量系统 ［图 6-8-12（d）］ 技术进行点位测量，输出各测点三维坐标，分析输出测量结果，进而达到集热器单元各组成部分准确定位的目的。

（a）悬臂组合模具

（b）扭矩框组合模具

（c）集热器元件组合模具

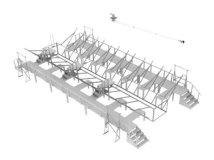

（d）近景照相测量系统

图 6-8-12 集热器单元的装配

2. 研制运输车托架

组合完成的集热器单元是经过层层校准的，为防止运输过程中受力不均产生变形，通过对集热器结构的分析，根据运输车运输集热器时的受力情况，研制了运输车托架并加装了阻尼减震器，如图 6-8-13 所示。此托架可使集热器运输安全平稳，保证了运输安全，提高了运输效率。

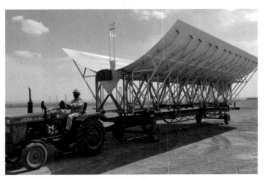

（a）集热器单元运输车细部图　　　　　　　　（b）集热器单元运输中

图 6-8-13　集热器单元运输车托架及减震装置

第九节　施工中存在的问题及处理措施

一、集热器

1. 集热器安装错误问题

集热器根据悬臂梁的结构分加强型和常规型，WAE1 平台发现有一个集热器用错了型号。

（1）原因分析：厂家标识错误，将加强型标注为常规型。

（2）处理方案：最终由厂家确认加强型集热器用于常规型集热器不影响强度，可以代用。

2. 集热器框架被车辆碰坏

太阳岛场地大，施工运输车辆多，WAC 区域发生了运输车辆碰坏集热器悬臂梁的情况。

处理方案如下：变形集热器拆下后返回车间修复重新找正，重新安装。

3. 集热器被大风破坏的问题

WAD 区域集热器临时放置时被突然刮起的大风吹倒，造成部分集热器框架变形，部分集热器镜片破坏。

（1）原因分析：虽然设计并已经完成了挡风墙的安装，但仍旧不可避免的有大风影响施工，现场临时放置的集热器由于迎风面大，且重量较轻，容易被风力破坏。

（2）处理方案：①做好临时支撑加固，并定期检查；②已经被破坏的集热器需返回车间修复。

二、集热管

1. 集热管安装后变形爆管问题

集热管安装完毕后，要把集热器转至贮存位置（安全位置），在转动过程中液压驱动装置突然停止，集热器聚焦在集热管上，造成集热管变形爆管。

（1）原因分析：①液压驱动系统油位低，不能满足系统的正常运行；②转动设备前未提前检查驱动装置的油位。

（2）处理方案：①安装集热器前对液压驱动装置进行调试，确保能正常运行；②设备转动前检查设备情况，确保能正常运行。

2. 集热管封口的问题

集热管组合为三根管一组，然后进行高空安装作业。为防止异物进入管道内，集热管封口采用了透明胶带，而安装对口时出现了透明胶带遗留在集热管的玻璃管上的问题。

（1）原因分析：①没有进行彻底清理；②封口方式不合理。

（2）处理方案：①全面检查，确保无遗留透明胶带在集热管上；②建议在以后的施工中改为定制的成型的内嵌式的封口堵头。

三、球连接

1. 球连接安装方向问题

安装球连接时会在集热器聚焦区域，所以上午施工时往往把集热器转至朝西，下午施工时把集热器转至朝东，避免集热器聚焦灼伤人员，造成安装球连接方向不一致。

处理措施如下：上午与下午施工的时候，球连接方向相反，集热器转动后会一致。

2. 球连接渗漏问题

导热油系统投运后，随着系统压力、温度的上升，部分回路的球连接发生不同程度的渗漏。

处理方案：①渗漏比较轻微的，根据厂家提供的方案及专用工具，在回路泄压降温的条件下往球头里面填充密封剂（石墨制品），多次转动集热器，使密封填料均匀分布，防止渗漏；②渗漏比较严重的，需要更换球头。

3. 球连接在气压过程中泄露问题

在太阳岛回路气压试验过程中，部分球连接（约5%）漏气。

处理方案如下：根据厂家的说明，气压试验的介质空气比传热介质导热油的分子小得多，所以会发生泄漏，不影响正常使用。

四、液压驱动装置

在液压系统调试及后续的系统运行过程中，液压系统出现了漏油问题，主要是管接头、液位计、四通阀组件位置漏油，造成集热器无法正常运转。

1. 原因分析

（1）未按安装说明书要求的力矩紧固，长期运行后接头松动造成泄漏。

（2）液位计、四通阀组件位置漏油属于设备问题。

2. 处理方案

（1）做好技术交底及现场的技术指导工作。

（2）供货厂家处理。

第七章

太阳岛导热油管道安装

第一节　工程概况

太阳岛导热油管道分为公用母管、分区母管、回路管道三部分。进油管道由储热传热岛引出，通过公用母管分配至 AB、CD、EF、G 四个区域的分区进油母管，再由分区母管分配到各个回路，通过回路集热器集热后由回油管道汇集到分区母管，再汇集到公用母管，回到储热传热岛。整个镜场有 A、B、C、D、E、F、G 共 7 个区域，190 个回路。每个回路有四个集热器单元组成，中间通过导热油管道连接，集热器通过集热管吸收热量。

整个太阳岛管道包括集热管的长度为 112.480km，导热油管道 34.618km，工程量较大，见表 7-1-1。

表 7-1-1　　　　　　　　　　整个太阳岛管道工程量

名　　称	型号/mm	材质	数量/m	大约焊口数量/支
2in 及以下管道安装	$\phi33.4\times3.78$	A106 Gr. B	285	57
3in 管道安装	$\phi88.9\times5.49$	A106 Gr. B	19855	4000
4in 管道安装	$\phi114.3\times6.02$	A106 Gr. B	76	17
6in 管道安装	$\phi168.3\times7.11$	A106 Gr. B	1484	300
8in 管道安装	$\phi219.1\times7.04$	A106 Gr. B	1280	260
10in 管道安装	$\phi273\times7.8$	A106 Gr. B	1824	370
12in 管道安装	$\phi323.8\times9.53$	A106 Gr. B	1830	366
14in 管道安装	$\phi355.6\times11.13$	A106 Gr. B	1508	310
16in 管道安装	$\phi406.4\times12.7$	A106 Gr. B	1888	380
18in 管道安装	$\phi457\times12.7$	A106 Gr. B	611	130
20in 管道安装	$\phi508\times15.09$	A106 Gr. B	1252	250
24in 管道安装	$\phi610\times12.7$	A106 Gr. B	600	120

太阳岛导热油管道的安装工作看起来是很简单的中低压管道安装工作，一般都是执行石化标准来进行管道施工的，且管道的介质为易燃易爆的导热油。但导热油管道安装需要注意的事项、需要总结的经验教训很多，不能简单地套用电力行业的管道施工标准或者石化系统的规程规范要求。

太阳岛部分管道工程如图 7-1-1 所示。

（a）分区母管

（b）共用母管

图 7-1-1　太阳岛部分管道工程

第二节　导热油管道本体安装

一、施工工序

导热油管道本体安装施工工序如下：管道预制→喷砂→油漆→管道安装→管道吹扫→管道压力试验→二次注油→系统升压试验。

二、导热油管道安装

（1）对于设备敞口部位，在确认内部清洁后应及时封闭。管道安装前必须彻底清理内部的杂物，应先用压缩空气对管道内部吹扫，再用酒精和白绸布将管内清洁干净直至擦拭白绸布上无污物。施工中断时必须及时封口，重新施工后，必须专人检查管道内部确无异物，方可正式对口。油管清扫封闭后，不得在上面钻孔、气割或焊接，否则应重新清理、检查并封闭。

（2）在管道对口前，应清除管道和管件坡口处及内、外壁 10～15mm 范围内的油漆、垢、锈等，直至显示金属光泽。

（3）管道组对。

1）管道组对应使用专用夹具（自制），不得使用楔子等直接焊接在管道母材上，对口间隙要求为 1～4mm。

2）管道安装的允许偏差值见表 7－2－1。

表 7－2－1　　　　　　　　导热油管道安装允许偏差

序号	项　目		允许偏差/mm
1	标高		＜±15
2	水平管道弯曲度	$DN \leqslant 100$；1/1000	≤20
		$DN > 100$；1.5/1000	≤20
3	垂直度（≤2/1000）		≤15
4	交叉管间距偏差		＜±10

管道在安装过程中，随时注意校核管道的标高、尺寸及与周围结构的尺寸。

三、导热油管道支架安装

（1）管道安装时，应及时进行支吊架的固定和调整工作，导热油管道支架安装现场如图 7－2－1 所示。

（2）支吊架位置应正确，安装应平整、牢固，并与管道接触良好。

四、管道压力试验与吹扫

管道的压力试验共分两部分，厂区导热油母管及分区母管采用水压试验；集热管回路由于集热管为奥氏体不锈钢管，且回路的结构形式无高点放空阀，采用气压试验。

1．试压要求

（1）管线试压时所有不能参与试压的阀门、管线须做好系统隔离，无法隔离的阀门须经设计和建设单位认可同意后方可参加系统试压。

（2）试验压力应以相同等级系统中设计压力最高的管线试验压力为整个系统的试验压力。

（3）管道系统试压采用液压试验，碳钢管线采用洁净水，不锈钢管线采用氯离子含量低于 25mg/L 脱盐水。

图 7-2-1　导热油管道支架安装现场

（4）试压用插入式盲板厚度见表 7-2-2。

表 7-2-2　　　　　　　　　　　　　　试压用插入式盲板厚度表

试验压力/MPa	公称直径/mm														
	40	50	70	80	100	125	150	200	250	300	350	400	450	500	600
0.4											12	12		18	18
0.6										12			18		
1.0				6	6	8	10	12				18			24
1.6			6						12	20	18	20		25	30
2.5		6											32	32	38
3.2							14		18		24	28		36	
4.5	6			8	10	12		20		25		34	38		
6.4			8						28		34	40			
8.0							18			34	38				
9.0				10	12	16		26							
10.0			10							38					
11.0		8					22		34						
12.5				12	14	18		28							
>12.5	必须核算，考虑盲板与加劲板并用														

2. 水压试验压力的确定和水压试验步骤

（1）液体压力试验的压力为

$$P_t = 1.5P[\sigma]_1/[\sigma]_2$$

式中　P_t——试验压力（表压），MPa；

　　　P——设计压力（表压），MPa；

　　　$[\sigma]_1$——试验温度下管材的许用应力，MPa；

　　　$[\sigma]_2$——设计温度下管材的许用应力，MPa。

当 $[\sigma]_1/[\sigma]$ 大于 6.5 时，取 6.5。

本项目热管试压压力：$P_t = 1.5 \times 3.9 \times 138/95.1 = 8.5(MPa)$。

本项目冷管试压压力：$P_t = 1.5 \times 3.47 \times 138/95.1 = 7.6(MPa)$。

（2）水压试验时应按步骤逐级缓慢升压，直至达到试验压力。在升压的每一步骤中，压力保持一般不小于 10min，以平衡管道内的应变，然后再进行下一步骤的升压，每一步骤的升压值约为试验压力的 10%，升至试验压力后至少保持 10min（保压时间允许延长至对试压系统检查完毕），然后降至设计压力，保压 30min，以无降压、无泄漏和目测无变形为合格。

系统位差较大的管道应考虑试验介质的静压影响，液压管道以最高点的压力为准，但最低点的压力不得超过管道附件及阀门的承受能力。试压完毕后，打开所有放空点，将管道内及参与试压设备内的水排放干净。

3. 回路气压试验压力的确定

气压试验的介质为压缩空气，根据《石油化工剧毒、可燃介质管道工程施工及验收规范》（SH 3501—2011）的要求，试验压力为设计压力的 1.15 倍，因此本项目的试验压力定为设计压力的 1.15 倍，即 3.9MPa×1.15＝4.485MPa＝44.85bar。

4. 气压试验的安全距离及温度要求

先进行单个回路的打压试验，如果没有异常情况，根据环境温度和作业时间，再把多个回路用液压胶管串联起来多个回路一块进行打压试验。气压试验的最低许可温度为－12.2℃。

（1）压缩空气能量储存及安全距离计算。

根据 ASME PCC-2，压缩空气能量储存计算公式为

$$E = 2.5P_{at}V[1-(P_a/P_{at})^{0.286}]$$

（2）冲击波距离计算。

根据 ASMEPCC-2，单个回路试验时，防止冲击波伤害的安全距离为 30m；10 个回路一起试验时的安全距离为 60m。

5. 气压试验

（1）试压前先把空压机、油水分离器、缓冲罐、调节阀、安全阀、隔离阀、压力表、温度表安装到位，管道气压试验示意图如图 7-2-2 所示。

（2）气压试验时必须预试压。预试压的压力不应大于 0.2MPa。

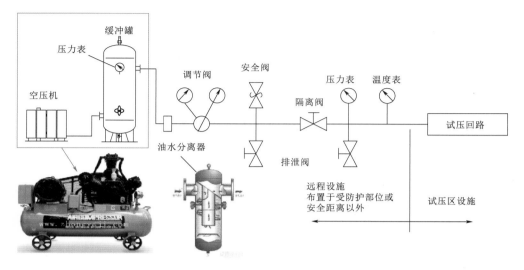

图 7 - 2 - 2　管道气压试验示意图

（3）当升压到 4bar 时，进行肥皂水检漏。

（4）升压时应缓慢升压至试验压力的 10%，保持 10min 然后对焊缝和所有连接部分进行初次检查，合格后继续升到试压压力的 50% 时，稳压 3min，如发现异常应做好标记并停止试验，打开排放阀降至常压，修复后才可以继续进行试验，严禁带压进行修补。未发现异常和泄露，继续按压力的 10% 进行升压，每级稳压 3min，直至升压到试验压力后，稳压 10min，以无降压和目测无变形为合格。再将压力降至设计压力，保压 30min。以降压在 0.2MP 以内、无泄漏和目测无变形为合格。管道气压试验过程控制示意图如图 7 - 2 - 3 所示。

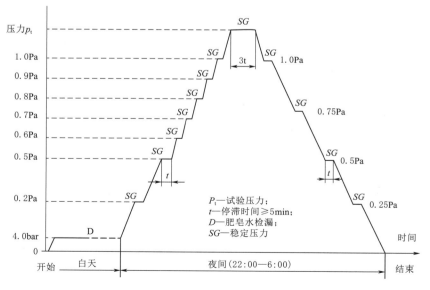

图 7 - 2 - 3　管道气压试验过程控制示意图

（5）气压合格后将分级缓慢降压至试验压力的 25%，每级稳压 3min 直至结束。

6. 管道吹扫

为将管道中的水分、铁锈、焊渣、泥沙、粉尘等脏物吹扫干净，防止脏物堵塞设备，损坏设备和阀门，为 HTF 系统注油创造良好条件，保证装置的安全、稳定、长周期运行，导热油管道吹扫使用压缩空气进行吹扫，吹扫的原则顺序应按主管、支管、疏排管依次进行。

（1）对每个管道系统应逐根进行管道吹扫，吹扫介质应用无油、清洁的压缩空气，压力不大于 0.6MPa，且不得大于管道和设备的设计压力，流速不宜小于 20m/s。

（2）母管管道采用爆破法吹扫，爆破板为 $\delta=2mm$ 橡胶石棉板，爆破次数为 3～5 次。由于母管水容积较大，每个试压包设置 2 个进气点，并就近安装压力表监测，靶板设置在爆破口 50cm 处。

（3）集热管回路管道采用直接吹扫，1 个进气点设置在跨界管道导淋阀处，拆除试压临时盲板作为排气口。并敲打碳钢管道容易积存尘土的部位，直接吹扫应连续进行。

（4）管道吹扫是否达到要求，可在排气口设置贴白布或涂白漆的木制靶检验，5min 内靶板上无铁锈、尘土、水分及其他杂物为合格。

（5）注意事项。

1）吹扫前应检验管道支、吊架的牢固程度，必要时应加设临时支撑进行加固。

2）管道吹扫前，不应安装孔板、重要阀门、安全阀、仪表等，对于焊接的上述阀门和仪表，应采取流经旁路或卸掉阀头及阀座加保护套等保护措施。

五、系统二次注油

储热传热岛、太阳岛安装工作结束后，需要对导热油系统进行注油，本工程为槽式光热发电站世界首例冬季注油施工，国内外均没有成熟的经验可借鉴，经过多轮的讨论、计算、模拟实验，最终确定了"分区、分段、分阶段"的注油方案。

系统二次注油流程如下：溢流罐和膨胀罐及其出口管线系统预热→泵区及加热炉系统注油→太阳场公用母管注油→开启加热炉→建立防凝循环→太阳岛各分区注油→蒸汽发生系统以及熔盐系统进油。

第三节 阀门安装与试压

一、阀门安装的一般规定

1. 阀门检验

（1）各类阀门安装前宜进行下列检查：

1）填料用料是否符合设计要求，填装方法是否正确。

2）填料密封处的阀杆有无腐蚀。

3）开关是否灵活，指示是否正确。

4）铸造阀门外观无明显制造缺陷。

（2）严密性试验。

1）作为闭路元件的阀门（起隔离作用的），安装前必须进行严密性检验，以检查阀座与阀芯、阀盖及填料室各接合面的严密性。阀门的严密性试验应按 1.25 倍铭牌压力的水压进行。

2）低压阀门应从每批（同制造厂、同规格、同型号）中按不少于 10％（至少一个）的比例抽查进行严密性试验，若有不合格，再抽查 20％。如仍有不合格，则应逐个检查；用于高压管道的阀门应逐个进行严密性检验。

3）对安全门或公称压力小于或等于 0.6MPa 的阀门，可采用色印对其阀芯密封面进行严密性检查。

4）阀门进行严密性水压试验的方式应符合制造厂的规定，对截止阀的试验，水应自阀瓣的上方引入，对闸阀的试验，应将阀关闭，对各密封面进行检查。

5）阀门经严密性试验合格后，应将体腔内积水排除干净，分类妥善存放。

6）各类阀门，当制造厂家确保产品质量且提供产品质量及使用保证书时，可不作解体和严密性检查；否则应符合上述的规定。

（3）阀门的操作机构和传动装置，应按设计要求进行检查与必要的调整，达到动作灵活、指示正确。

2. 阀门和法兰的安装

（1）阀门安装前，除符合产品合格证和试验记录外，还应按设计要求核对型号并按介质流向确定其安装方向。

（2）阀门安装前应清理干净，保持关闭状态。安装和搬运阀门时，不得以手轮作为起吊点，且不得随意转动手轮。

（3）截止阀、止回阀及节流阀应按设计规定正确安装。

（4）所有阀门应连接自然，不得强力对接或承受外加重力负荷。法兰周围紧力应均匀，以防止由于附加应力而损坏阀门。

（5）安装阀门传动装置应符合下列要求：

1）万向接头转动必须灵活。

2）传动杆与阀杆轴线的夹角不宜大于 30°。

3）有热位移的阀门，其传动装置应采取补偿措施。

（6）安装时注意，阀门手轮不宜朝下，且应便于操作及检修。

（7）法兰或螺纹连接的阀门应在关闭状态下安装。

（8）对焊阀门与管道连接应在相邻焊口热处理后进行，焊缝底层应采用氩弧焊，保证内部清洁，焊接时阀门不宜关闭，防止过热变形。

（9）法兰安装前，应对法兰密封面及密封垫片进行外观检查，不得有影响密封性能的缺陷。

（10）法兰连接时应保持法兰间的平行，其偏差不应大于法兰外径的 1.5/1000，且不大于 2mm，不得用强紧螺栓的方法消除歪斜。

（11）法兰平面应与管子轴线相垂直，平焊法兰内侧角焊缝不得漏焊，且焊后应清除氧化物等杂质。

（12）法兰所用垫片的内径应比法兰内径大 2～3mm 垫片宜切成整圆，避免接口。

（13）当大直径垫片需要拼接时，应采用斜口搭接或迷宫式嵌接，不得平口对接。

（14）法兰连接除特殊情况外，应使用同一规格螺栓，安装方向应一致。紧固螺栓应对称均匀、松紧适度。

（15）安装阀门与法兰的连接螺栓时，螺栓应露出螺母 2～3 个螺距，螺母宜位于法兰的同一侧。

（16）合金钢螺栓不得在表面用火焰加热进行热紧。

（17）连接时所使用紧固件的材质、规格、型式等应符合设计规定。

（18）安全门及其附件安装正确并经过冷态整定，排出管的截面面积应符合设计要求。

安全门动作压力宜为工作压力的 1.1～1.25 倍，回座压力应符合制造厂要求。

二、导热油系统阀门安装

导热油系统阀门安装应该按照设计或者规范要求进行，所有阀门必须进行设计压力1.5 倍的试验压力试验。导热油系统阀门安装如图 7-3-1 所示。

（a）阀门安装（一）

（b）阀门安装（二）

图 7-3-1　导热油管道阀门安装

（1）阀门在安装前，应按照设计要求核对型号并按照图纸介质流向确定其安装方向，安装完毕后应采用统一的标牌标明阀门的 KKS 码。

（2）阀门在安装前应清理干净，法兰式阀门应保持关闭状态，焊接式阀门应为微开启状态（焊缝冷却后关闭）；安装或搬运阀门时，不得以手轮作为起吊点，且不得随便转动手轮。

（3）油管道阀门应为钢质明杆阀门，不得采用反向阀门，且开关方向应有明确标识。阀门门杆应水平或向下布置。

（4）阀门进场按照有关规范要求进行试压合格后方可用于现场安装。

第四节　安装及试运过程中存在的问题

一、阀门内漏

1. 阀门内漏（一）

导热油母管调阀在试压过程中发生壳体泄漏的问题。

（1）原因分析：设备原因造成泄漏。

（2）处理方案：要求更换阀门。

2. 阀门内漏（二）

系统注油后，在调试运行期间大量的排污阀发生了渗漏的问题。

（1）原因分析：①垂直管道上在使用开关时容易损坏阀门的密封面；②阀门质量问题，经过冬季注油，放油冲洗等过程，阀门密封性较差；③排污未设计二次门，且排污阀后的丝堵制作精度差，密封不严。

（2）处理方案及预防措施：①加强培训及技术交底工作，严格按照方案进行施工，在焊接时阀门微开，做好防过热变形措施；②严格按照吹扫程序对管道进行吹扫验收，确保管道内无异物；③设计增加了排污二次门，并更换了丝堵。

3. 母管过渡过程中的蝶阀内漏

太阳岛注油恰逢冬季，受各种条件、因素的限制，只能分段、分区进行注油，注油前将公用母管与各分区母管进行了加盲板隔离，母管注油后进行过渡恢复，但过渡时发现蝶阀存在不同程度的内漏。

（1）原因分析：厂家确认蝶阀设计的泄漏等级为Ⅳ级，轻微泄漏属于正常。

（2）处于方案：①在过渡焊口前增加排污阀，确保焊接时无导热油流入焊接区域；②降低已完成注油的公用母管内的导热油的油温，短时间停止系统运行，减少泄漏量。

二、支架设计错误

1. 支架设计错误

G区母管一支架设计为固定支架，而土建的基础为滑动支架形式。

2. 原因分析

机务与土建专业间图纸不符。

3. 处理方案及预防措施

（1）专业间图纸会审要做好。

（2）土建设计变更，修改支架基础。

三、系统注油过程中的导热油凝固问题

首次进行分区回路注油过程中，其中 F03 回路注油过程中发生导热油凝结的问题，并在随后引发了集热管弯曲变形的问题。

1. 原因分析

（1）导热油为联苯-联苯醚，熔点为 12.3℃，而本次注油为冬季注油，且太阳岛管道未设计电伴热。

（2）注油前暖管、注油过程中的防凝工作未做好，造成进回路的油温过低。

（3）注油时间晚，天气温度过低。

2. 处理方案及预防措施

（1）冬季注油前必须按照方案进行充分的暖管，注油过程中按照方案做好防凝工作。

（2）冬季注油选择在温度高的晴天进行，暖管、注油的时间要分配好，避免晚上注油。

（3）目前国内已有新的光热发电项目采用硅油作为导热油，其优点就是熔点为 −40℃，解决了冬季注油的难题。

第八章

太阳岛管道保温施工

第一节　工程概况

一、需要保温的部分

太阳岛保温主要分导热油管道保温、悬臂保温、集热管保温三部分。本工程保温施工执行标准《石油化工绝热工程施工质量验收规范》（GB 50645—2011）。图8-1-1所示为太阳岛上已经做了保温处理的导热油母管。

图8-1-1　太阳岛集热管管道保温

二、保温措施

（1）导热油管道保温层采用常规的憎水型硅酸铝纤维保温毯，保护层根据管径的大小使用的铝板的厚度不同。

（2）悬臂保温套件采用0.8mm铝板（外部）和0.3mm不锈钢板（内部）的刚性外壳，内含高性能绝热材料（PROMAT工厂生产），这样设计是考虑到球连接位置导热油渗漏的检修。

（3）集热管保温措施与悬臂保温套件相同。

第二节　管道保温施工

一、保温材料到场后的检验工作

材料到场后首先核查产品质量证明文件符合产品标准和设计文件规定，其制品的种类、规格应符合设计文件的规定。材料还须按照批次抽样检验，主要检验项目包括导热系数、密度、温度适用范围、憎水率，由于本工程有奥氏体不锈钢管道保温，还应对相应的保温材料中可溶出的氯离子、氟离子、硅酸盐离子及钠离子的含量进行检验，并符合《覆盖奥氏体不锈钢用绝热材料规范》（GB 17393）的要求（石化行业标准明确规定由供货方负责检测）。

二、施工工序

管道保温施工工序如图 8-2-1 所示。

图 8-2-1　管道保温施工工序

三、保温层施工要求

1. 管道表面杂物处理

清除散落在导热油管道上的固体废弃物，擦净待保温管道上的油污，揭除粘贴物。

2. 焊缝及损坏的漆膜修复

对系统进行保温前，必须对该系统的管道的焊缝部位及破损的漆膜进行修补。需预留或做特殊处理的部位应做明显标识，以免遗漏。

3. 管道保温层敷设

（1）保温层是保温结构的主要组成部分，保温效果的好坏取决于保温层。为确保施工质量，各保温管道的保温层厚度必须满足设计要求。每根管道的保温层施工完毕后（保护层施工之前），都应对管道的保温厚度进行随机检查。

（2）水平管道保温，保温层厚度大于 80mm 时，保温棉分层敷设，每层厚度材料设计按先厚后薄的顺序施工，如图 8-2-2 所示。保温层采用同层错缝、内外层压缝的方式敷设，内外层接缝应错开 100～150mm。水平安装的管道保温最外层的纵缝拼缝位置应尽量远离垂直中心线上方，纵向单缝的缝口朝下。

（3）分层保温时，应采用锌铁丝分层绑扎，保温厚度 200mm 以上的管道，最外面一层保温层必须用双股镀锌铁丝捆扎，其捆扎间距一般为 200mm，每块保温制品上至少要捆扎三道。铁丝绑扎要松紧适度，两侧的铁丝距保温棉端部 120mm为宜，太近防止端部翘口，并尽可能地保持拧扣在同一水平线上，以增加保温层美观。

图 8-2-2　太阳岛水平管道保温棉分层敷设

（4）镀锌铁丝、铝板的规格应根据管径（或断面尺寸）选用，见表 8-2-1
和表 8-2-2。

表 8-2-1　　　　　　　　　　捆 扎 件 规 格 选 用 表

管道保温外径/mm	软质材料及其半硬质材料	备注
<200	$\phi 1 \sim \phi 1.2$ 镀锌铁丝	
200~750	$\phi 1.2 \sim \phi 2.0$ 镀锌铁丝	

表 8-2-2　　　　　　　　　　铝 板 选 用 表

序号	管道直径/in	铝板厚度/mm	备注
1	<12	0.6	
2	12~24	0.8	
3	>24	1.0	

（5）两根相互平行或交叉的管道，其膨胀方向或介质温度不相同时，两管道保护层
之间应留间隙。

（6）12in 以上的垂直或倾斜角度等于或大于 45°的管道上，每隔适当间距装设托架
来支撑保温结构重量，支架的间距为 3~4m。支承件的承面宽度应比保温层厚度少
10~20mm。托架采用扁钢—30×5、圆钢 $\phi 16$ 等材料制作。

（7）弯头保温要根据尺寸把保温材料下成西瓜皮状，每层要错缝压缝，要求圆和弧
度协调一致，局部缝隙用散棉填实。

（8）管道上的温度计插座、热工取样点、分线盒、丝堵及铭牌等，在保温时应露在

外面，并注意不得损坏。

（9）防止保温结构在施工中被踩踏。如有需要应搭设脚手架，设置梯子、平台、过人桥等。

4. 管道阀门、伸缩节处保温

（1）阀门、伸缩节等处的保温应做成可拆式结构，以满足运行检查和检修需要。

（2）管道阀门保温层应留设拆卸螺栓的间隙，接缝处用散复合硅酸盐毡填实。

（3）支架附近的管道保温层应留设膨胀间隙。

四、保护层施工要求

1. 保护层作用

保护层起着保护保温层免受机械损伤，防止受潮，增加保温结构的强度，延长使用寿命等作用。

2. 保护层选用

（1）本工程保护层选用铝合金板，所有铝合金板从车间加工到安装过程期间，施工人员必须戴棉线手套操作，以避免在板面上留下汗迹和脏痕而影响安装后的外观。

（2）在预制场建成保温保护皮预制车间，根据现场保温后管道的实际尺寸在预制车间使用手工剪刀或电动剪下料，下料区要铺设地毯防止损坏铝板的表面，滚圆后使用刻线机轧制出凹凸筋，制作好的半成品保护层要分型号立着存放。运输过程中也要做好碰撞、划伤的防护措施。

（3）对于管道弯头的下料，要采用多片组合下料（即"虾米腰"弯头），并且尺寸合理，安装后弧度平缓美观。

3. 保护层施工前准备工作

保护层施工前，必须检查保温层表面是否平整，保温层厚度是否符合设计要求、有无缺损和缝隙等，保温层验收合格后进行保护层方可施工。

4. 保护层施工

（1）保护层施工时，保护层要紧贴保温层，不留空隙。

（2）水平管道保护层环向接缝可采用插接或搭接。插接缝用自攻螺钉或抽芯铆钉固定，搭接缝用抽芯铆钉固定，钉子间的距离宜为 200mm。搭接长度：环向 50mm，横向搭接不得少于 50mm，纵向搭口朝下，水平管道的纵向接缝应设置在管道的侧面 45°方向搭接口朝下防止进水，每节交叉错缝 45°向下 50mm（即第一节和第三节的横向接缝高度一致），水平管道的环向搭口应按坡度高搭低茬；在膨胀节的弯头一侧部位要留一节保护层膨胀节，保护层的搭接为 10mm，活接部分环向、纵向不可打钉连接。垂直管道保护层要由下而上安装，环向接缝应上搭下茬防止进水。对于保护层横向搭接部分应压制凸沿，施工时，上下两层保护层的凸沿应重叠。安装托架的垂直管道保护层应在托架下方一节留膨胀节，搭接为 10mm 环向不可打钉连接。

（3）为了阀门维修拆卸方便，阀门保温套采用加长型，根据阀门的实际形状进行度量设计，依据度量的具体尺寸进行咬口制作，其长度应保证至阀门两端焊口或法兰外100mm左右。与管道保温及保护层的接口应平整，搭接正确，固定牢固。

（4）阀门保温套采用哈夫型，一面用翻口，一面用平口，合拢后必须保证接口平整、美观，并采用不锈钢螺栓加固。

（5）对三通及变径，要仔细测量下料，保护层搭接处要避免出现缝隙，尽量严密合缝。

（6）保护层安装结束后整体统一、整齐、美观，节点部位结构合理，并做好防污染防破坏的标识和措施。

五、集热管端部防护罩安装

集热管端部防护罩为定型成品供货，根据位置不同，防护罩分两种规格，两端及驱动立柱位置的防护罩为窄型，集热管连接处为宽型。防护罩内的保温层为单面带铝箔纸硅酸铝针刺毯，铝箔纸朝向内侧，集热管端部防护罩安装如图8-2-3所示。弯折处易折断，需要厂家提供余量。

图8-2-3 集热管端部防护罩安装

六、球连接罩壳安装

悬臂保温由三部分组成，分别是球连接保温、弯头保温、直管保温。每个构件的保温套均由两等分的部件组成。集热管保温层为单面带铝箔纸硅酸铝针刺毯，保护层为成品保护罩，为0.8mm厚的铝板。

第三节 施工中存在的问题及采取的措施

一、问题 1

集热管端部保护罩采用卡扣式连接，但保护罩采用的是铝板，安装时发现容易折断。

1. 原因分析

厂家未提供图纸，现场安装只能边干边摸索经验。

2. 应对措施

（1）正式发函要求厂家提供图纸及技术要求。

（2）联系厂家在现场进行实验，对易折断的卡扣弯折调整弯折至 130°左右即可。同时让厂家提供部分备品。

二、问题 2

施工过程中发现保温外护板数量不足。

1. 原因分析

（1）供货方采购时未考虑足够设计余量。

（2）供货方实际供货数量与到货清单不符，到货时未核实。

2. 应对措施

（1）重新核实全厂管道保温护板用量，按照电力定额考虑足够余量，要求厂家补供。

（2）对到货外护板进行抽检称重，发现与厂家标注的重量偏差较大，提交正式信函，并让厂家对事实确认，最终厂家补供。

三、问题 3

已施工完成的保温层、保温外衣被破坏。

1. 原因分析

（1）成品保护管理不到位。

（2）管道大部分布置较低，但未设计跨接平台、通道。

（3）专业间施工工序问题，保温施工完，场地还在平整，排水沟还在施工，交叉作业容易破坏成品。

2. 应对措施

（1）编制下发成品管理办法，全员传达要求提高成品保护意识，并加强检查，发现一起处理一起。

（2）对已经损坏的保温层、外护板进行更换。

（3）联系业主，提出该问题，要求增加跨接平台。

（4）专业间施工工序应该更合理，场地平整、排水沟施工均应在土建交安，安装专业开始施工前完工。

四、问题 4

集热管端部的不锈钢管设计保温厚度 150mm，而两侧（集热管保护罩、球连接保温）的保温厚度都不足 50mm，完成后整体观感较差。

1. 原因分析

设计问题。

2. 应对措施

（1）提正式信函给设计、监理、业主提出该问题，建议调整保温厚度。

（2）业主参考了国外同类型机组的施工经验，最终确定厚度不变而把保温外衣设计修改成罩壳，工艺美观，施工完毕后整体效果很好。

第九章

太阳岛电气设备安装与调试

第一节　工程概况

中广核德令哈 50MW 光热发电项目太阳岛系统主要施工项目涵盖太阳岛电气设备安装及单体调试工作。

太阳岛系统包括主配电盘及次级配电盘两部分。电气盘柜均使用江苏跃龙电仪设备有限公司低压盘柜。本工程低压厂用电采用 0.4kV 动力中心（主配电盘）和电动机控制中心（次级配电盘）供电方式。太阳岛低压设备用电均来自传储热岛的 UPS 供电。

第二节　全厂电缆线路施工

一、施工范围

施工范围为太阳岛系统全厂电缆线路施工。在施工前期对电缆敷设路径进行合理的布置，从施工的内在质量上下功夫，精心组织施工，力求做到使太阳岛电缆敷设成为精品工程。

太阳岛全厂电缆线路施工于 2017 年 8 月 16 日开工到 2017 年 12 月 20 日结束，历时 4 个月，主要施工范围包括：太阳岛区域的电气电缆管配制及敷设、电缆敷设，以及接线、电缆防火封堵。

主要工程量包括：总电缆量：140km；电缆支架制作安装：3t；电缆沟开挖：40km；电缆保护管敷设：125km。

二、工程特点

本工程电缆线路主要采用直埋套管相结合的方式进行，太阳岛至 UPS 电缆敷设路径设计为直埋与综合管架相结合的方式。动力电缆电压为 0.4kV，电缆为交联聚乙烯绝缘电缆。低压 400V 动力电缆头采用塑料带干包的方式，电缆保护管采用高密度聚乙烯波纹管。

三、电缆沟开挖

1. 施工准备

（1）本工程电缆沟开挖为 40km，开工前半月研究开挖路线，根据图纸设计优化施工方案。通过图纸会审找出疑点难点，共同研究探讨制定了符合现场实际情况的开挖路线。

（2）技术准备。本工程相关技术管理人员要熟悉并会审图纸，设计交底时将汇集的问题与设计、业主协商解决后办理一次性洽商。施工前进行技术安全交底及具有较强针对性案例生产交底，组织班组熟悉施工图纸，学习相关规程和操作工艺，必要时进行实操培训。

（3）物资准备。编制施工材料计划和施工任务书，相关部门做好物资采购和劳务安排。

（4）施工机械准备。包括挖掘机、装载机、铁锹、大锤等。

（5）劳动力安排。施工人员应用工手续齐全，技工不少于总人数的50%，劳动力进厂数量根据施工进度计划及时调整。

2. 施工方案

了解现场到货电缆的长度，勘察敷设路线，了解地面及地下障碍物，了解管道专业地沟位置、大小与标高。电缆沟采用240挖掘机开挖，深度为1m、宽度为1.2m，挖沟完毕按设计进行验收。沟底应平整，深浅一致，沟底必须有一层良好土层，直埋电缆底部按规范铺设细沙软土如图9-2-1所示。

图9-2-1　直埋电缆底部按规范铺设细沙软土

3. 技术质量要求

应按照已批准的设计进行施工，如因客观环境条件原因或由于设计本身存在的问题，需要对设计在施工中予以修改时，应征得设计单位书面修改意见的答复后，才能修改原设计。

四、电缆敷设

1. 电缆敷设工程特点

电缆敷设是电缆线路施工的重中之重。电缆敷设相对于电缆线路施工中的其他工作有以下特点：施工工期长、参与施工人员多、工作环境危险、与其他专业交叉点多。点多面广、施工工序繁杂是电缆敷设工作的真实写照。从核对电缆清册到最后整理电缆接线，任何一个环节出了差错，都有可能导致电缆敷设工作出现差错，而任何的电缆敷设差错都可能导致重大的经济损失。因此，对于电缆敷设工作必须对每项需要完成的工作进行充分的准备，每一项进行的工作必须要认真完成。针对电缆敷设工作的特点，施工方特别制定了施工技术方案和质量控制标准。

2. 路径检查

电缆敷设前核对一下电缆所经路径已完全沟通，电缆路径应完全清理干净；检查电缆路径是否有可能使电缆受损的地方，若有应加以处理，并在敷设时加以注意。

3. 电缆的运输与保管

对照图纸和核对过的电缆清册，领取所需电缆，并检验电缆的型号与规格应符合设计要求，外观查看电缆盘有无机械损伤，包装应该完好；运输时严禁人货同车，电缆盘不得平放于车上；严禁将电缆盘从车上直接推下。电缆的头部要封好，避免灌进雨水，以防受潮，绝缘电阻下降。

4. 电缆长度确定

现场实际测量电缆路径，确定电缆长度，每根电缆敷设完后，将其长度记录下来。

5. 敷设电缆

在电缆敷设起点应由一人专门负责安排，通知所放电缆顺序、起止点、规格、型号等事项；在电缆敷设终点，应由对现场比较熟悉的人负责，并做好电缆的预留长度。动力电缆不得超接线母排 600mm，控制电缆不得超过接线端子排 500mm；在电缆易交叉的地段，应由专人负责整理电缆，以保证电缆敷设工艺；在电缆施放前，先检查整盘电缆的绝缘，400V 电缆及控制电缆用 500V 兆欧表检查，如果绝缘有问题，及时汇报查找原因，做好检查记录。电缆敷设时环境温度应不低于 $-15℃$。电缆敷设时，电缆应从盘的上端引出，电缆敷设时应排列整齐，不宜交叉，并加以固定，电缆与热力管道、热力设备之间的净距平行时不应小于 1m，交叉时不应小于 0.5m，当受条件限制时，应采取隔热保护措施。敷设时，电缆的最小弯曲半径应符合以下规定：聚氯乙烯绝缘电缆不小于 10D（D 为电缆直径），交联聚氯乙烯绝缘电缆不小于 15D。不可避免的情况下出现接头时，要做好记录，并留够长度；每根电缆的起始端应预留足够接线长度，并挂牢电缆牌。电缆直埋电缆表面距地面距离不小于 0.7m，并且埋在冻土层以下，直埋电缆的上下部应铺以不小于 100mm 厚的软土或沙层，并加盖保护板，其覆盖宽度应超过电缆两侧各 50mm，软土或沙子中不应有石块或其他硬质杂物。

6. 电缆头制作及安装

电缆头制作及接线关系到设备的安全可靠运行，电缆接线历来是电缆线路施工中的重要一环，电缆接线的正确与否直接关系到设备的控制，因此电缆头制作安装应该引起高度的重视。为此，施工方制订了一系列保证电缆头制作质量的措施。

五、接线

1. 动力电缆接线

电缆线芯连接金具采用标准的连接管和接线端子，内径应与电缆线芯紧密配合间隙不应过大；截面宜为线芯截面的 1.2～1.5 倍。采用压接时，压接钳和模具应符合规格要求。三芯电力电缆接头两侧电缆的金属屏蔽层（或金属套）、铠装层应分别连接良好，不得中断；三芯电力电缆终端处的金属护层必须接地良好；塑料电缆每相铜屏蔽和钢铠应锡焊接地线。电缆通过零序电流互感器时，电缆金属护层和地线应对地绝缘，电缆接地点在互感器以下时，接地线应直接接地；接地点在互感器以上时，接地线应穿过互感器接地。电缆终端上应有明显的相色标志，且应与系统的相位一致。图 9-2-2 所示为二级配电盘电缆接线。

（a）集热器的就地控制器（LOC）　　　　（b）位于驱动立柱上的电气控制盘柜

图 9-2-2　二级配电盘电缆接线

2. 控制电缆接线

控制电缆接线前应对所有接线人员作详细的安全和技术交底；要求所有的接线人员必须进行岗前接线培训，培训内容包括接线操作、图纸的熟悉、接线工艺、接线制度，并经考核合格后方可上岗；电缆接线前，由接线小组技术人员根据盘柜结构以及柜内设备和端子排布置情况制订相应的接线方案；接线过程中严格按照接线工序和工艺要求进行作业，实行工序签证卡制度，每道工序完工后须经技术负责人和质量负责人二级验收签字后方可进行下一工序施工；接线过程中如发现电缆型号不对或者电缆无牌子以及出现电缆长度不够等情况，需向技术负责人报告经核实处理后才能进行电缆开剥等工作，不得私作主张随意处理。接线小组所有成员需对每道接线工序的工艺质量进行全程跟踪监督。

六、电缆防火封堵

电缆防火封堵是电缆线路施工中最后一道工序。需要进行防火封堵的盘柜一般是电缆接线已经完毕，为保证电缆防火的施工质量，特制订了以下施工标准：盘柜孔洞封堵前应与相关人员核实电缆已全之后再进行封堵，盘柜孔洞封堵时耐火衬板安装应牢固，防火堵料应密实无缝隙，电缆管的封堵应将管口封堵严密，堵料凸起 $2\sim5$mm。

第三节　全场接地装置安装措施

一、工程特点

由于中广核德令哈 50MW 光热发电项目场地土壤盐泽化的特殊原因，太阳岛接地网设计使用铜绞线代替扁钢，扁钢具有易腐蚀性。

二、主要施工方案

在全场接地装置安装工程开工前，组织技术人员熟悉设计图纸等相关资料，切实搞好图纸的专业会审、系统会审工作，以便尽早发现问题，并以工程联系单的形式向业主或监理工程师提出，争取尽早解决，为太阳岛工程的安装创造有利条件。为保证工程的安装质量，保证人身及设备的安全，对照施工现场，制定施工方案，对于主要设备及项目的施工制定施工方案和《全场接地装置安装作业指导书》。

三、施工过程控制

（1）施工前，认真审核图纸，进行图纸会审工作。施工过程中严格按照设计图纸、施工规范、设计变更等有关的施工依据进行施工，施工前做好安全及技术交底，施工过程中把好每道工序，严格验收程序，经过监理与业主的同意后方可进行下道工序的施工。

（2）根据施工工期及施工计划，合理按安排施工进度，做到每个环节有条不紊地安全进行。

第四节　通信控制系统安装

一、工程概况

1. 本期工程采用分散控制系统

本期工程采用分散控制系统作为单元机组的主要控制系统。所有远程 LOC 和远程机柜收集沿太阳能场分布的 7 个太阳岛通信环，并通过两个不同的连接与控制中心连接，以确保冗余。太阳岛仪表控制通过远程 I/O 与 SCS 相连，通过通信方式接入单元机组 LOC 控制系统与镜场监控系统 SCS 构成以太网通信网络。

（1）DCS 控制范围。控制范围为太阳岛通信控制系统。

（2）控制方式。每个辅助环路包括 LOC 的多个控制通信面板，其将使用 Profibus - DP 将每个 LOC 与辅助环互联，通信系统基于高通信速度的主光纤环，其包括 OF 的辅助环，这些次环中每一个负责各个太阳岛（7 个子场）的区域。SCS 接收 LOC 的（报警、数字信号、模拟信号、状态）信息并显示在 SCS 的界面上。同时 SCS 会把所有这些信息储存在一个数据库，并将必需的信息共享到 DCS 中。控制箱内部接线安装如图 9 - 4 - 1 所示。

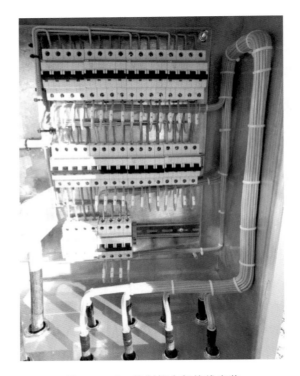

图 9 - 4 - 1　控制箱内部接线安装

2．工程特点

（1）太阳岛控制系统 DCS 采用 ABB 公司的 OC6000e 系统。

（2）变送器选用马来西亚智能型产品 WIKA，带液晶数字显示表头，带 HART 协议。

（3）电动执行机构选用川仪设备。

（4）控制盘柜内电源开关、继电器、交流接触器，重要系统的双路电源自动切换装置等选用 ABB 品牌。

（5）温度元件热电阻均为 Pt100 型电阻。

（6）控制系统与被控设备和其他控制系统的接口信号统一为模拟量 4～20mA，开关量为干接点；所有控制回路通信由光缆传输至 SCS。

3. 主要工程量

（1）电缆敷设：120km。

（2）盘、箱、柜：762 面。

（3）仪表元件安装：954 点。

（4）电动门接线调试：8 台。

（5）压力表安装：8 台。

二、施工准备和施工方案

1. 施工准备

由于本专业施工可利用的自主性安装、调试工期短，施工前除了做好各项技术管理和技术培训工作外，还应作好充分的施工准备，如施工场地布置、施工机械设置、设备开箱清点与检修、配件的加工与组合等，都应提前完成。为此，应做好如下方面的准备工作：

（1）在热工工程开工前一个月，组织技术人员熟悉设计图纸，厂家说明书及运行维护手册等相关资料，切实搞好图纸的专业会审、系统会审工作，以便尽早发现问题，并以工程联系单的形式向业主或监理工程师提出，争取尽早解决，为热工工程的安装创造有利条件。

（2）及时做好作业指导书编制、审批工作，同时做好开工前的技术培训和技术交底工作，让所有参与该项目的施工人员都全面理解和掌握施工工艺流程、所使用的工器具的使用方法、施工方法、质量要求、安全措施等，这样才能保证项目的进度、质量达到预期的目标。

（3）每个项目开工前做好施工用机械、小型工器具、标准校验仪器、消耗性材料及工程材料需求计划等各项准备工作，并随时与物资部门取得联系，沟通到货情况及到货信息，要求设备厂家将精密元器件、设备单独运输，以保证设备安全及精度要求。

（4）设备到现场后认真做好设备的开箱、清点、核对等一系列工作，现场具备施工条件后领用安装。

（5）技术人员应及时跟踪相关的土建、机务专业的施工进度，配合做好热控交叉工作。

2. 施工方案

为保证工程的安装质量，保证人身及设备的安全，对于主要设备及项目的安装制订以下施工方案：压力取源部件安装、电动执行机构安装、温度取源部件安装、流量方案、单体调试方案、热控盘柜安装、电缆敷设方案。

三、热控盘柜安装

盘柜安装是热控安装的基本工作之一，其质量高低，对盘柜的工作情况影响很大。

1. 施工准备

（1）根据图纸设计核对到货设备的型号、规格符合设计要求。

（2）根据设计院图纸、厂家出厂技术文件及有关规范，编制详细的作业指导书。

（3）开工报告已审批。

（4）对有关人员进行安全、技术措施交底学习，严格按照作业指导书进行施工。

2. 施工方案

（1）协调设备到货，将设备从厂家直接运输至安装现场，在现场开箱验收后直接进行组装。根据设计图纸以及现场的实际情况，具体尺寸按照设计院及厂家图纸。

（2）整个运输过程中，应由起重人员统一指挥。吊装运输过程中，不得损坏盘上设备及油漆。吊装运输过程中不应剧烈振动及让盘倾斜，以防损坏盘上设备及伤人。封车及吊装时，盘与吊带或钢丝绳接触地方应垫上纸板或软织物或木板，以防损坏油漆，封车时松紧适当，防止盘变形，如图9-4-2所示。

（a）施工现场（一）　　　　　　　　　　　（b）施工现场（二）

图9-4-2　LOC控制箱安装

（3）用螺栓、螺母把盘与底座相连。

（4）盘柜安装完成后应保证安装质量符合如下验标要求：垂直偏差每米小于1.5mm，盘顶最大高差小于3mm，相邻两盘顶部偏差小于2mm，成排两盘正面平面偏差小于1mm，五面盘以上成排盘面总偏差小于5mm，盘间接缝间隙小于2mm。盘柜应固定牢固，油漆完整。固定盘及盘间连接螺栓、螺母、垫圈应有镀锌层，不能用直接敲击的方法找正就位。盘柜安装验收后，用塑料布或编织带包好，做好设备成品防护。

3．现场文明施工及环保注意事项

（1）设备吊装后，包装箱及其他外包装附件应及时清理干净，并放到指定地点。

（2）安装所产生的垃圾、下脚料，如焊条头、废弃的毛刷等应及时回收，以免污染环境。

（3）刷漆应有防护措施，防止油漆滴在地上，污染环境。

四、压力取源部件安装

1．作业条件

（1）取源插座提前准备好，且数量充足，确认其材质和主材质相同，提供焊接情况表。

（2）根据热控图纸设计要求，确定出各压力测点的位置和数量。与机务专业密切配合，合理组织施工，如测点位置与机务设计相碰，应以机务为先再另行确定。

（3）各取源部件安装应在机务设备及管道安装完毕且确认无变动后方可施工。

2．施工进度

（1）对参加水压试验的各测点必须在水压试验前完成，并将管路引出到一次门，对油系统的各测点必须于油系统循环前完成，且将管路引出到一次门。

（2）在机务安装过程中，技术人员依管道立体布置图和介质对测孔角度的要求，对供货范围内已预留测孔的管道进行复查，保证主管道（直段）取样方向的正确性。

3．取源管座、短管、一次门的安装

（1）主设备的取样点厂家一般留有取源座，使用与主设备、主管道相同材质的钢管引至一次门。一次门须装于设备附近或方便操作位置，原则上一次门根据设计装于设备根部，有些不便操作的可引至方便处，钢管及一次门安装前必须认真核对热控施工图、测点清单及机务设备管道布置图，查明取压装置各部件的材质，并与测点一一对应，如不清楚的可用光谱复检并做好标识。

（2）未留有压力取源孔的设备，应采用机械法开孔，依热控和机务图纸确认各测点的位置，按设计要求或规程进行取样开孔。

（3）一次门安装时，安装前阀门必须进行水压试验，合格后方可使用。合金钢阀门应安排做光谱分析。焊接式阀门安装时，应使阀门入口中心线与取压管中心线对齐，不能错位，阀门安装方向正确，阀杆应垂直向上或水平，不能使阀杆朝下或向下倾斜，阀门安装后，阀体应能露出保温层。

五、温度取源部件安装

1．基本要求

油系统的取源插座安装时，应正确核对主设备材质，特殊材质的应做好取源座的光谱分析，根据系统图和机务设备布置图，核对每个测点取源座的型号、规格及材质并一一标识。

2．作业条件

准备适当的温度取源座，有完整的光谱分析报告单，且有明确的材质标识。根据图纸确定、落实各测点位置及数量。与机务施工进度一致，适时组织施工，确保最佳热工安装工期。如出现与机务交叉状况时应以机务为先。

3．施工进度

（1）系统的温度测量设备必须于管道设备安装完且确认不再变动后方可施工，对参加水压试验的各测量设备，务必于水压实验前完成且与主设备一起打压。

（2）油系统各测量设备的安装必须于机务油循环前完成安装。

（3）焊接式热元件的安装。热元件套管焊接时必须保持与管道及设备的中心线垂直，套管焊接时必须将热元件抽出，以防焊接时高温损伤。一切完毕后对套管口及时封堵，以防异物入内。元件插座及套管焊接完毕后必须及时封堵以防异物入内，同时报请检测中心对合金钢焊件进行材质复核。

（4）温度取源部件安装应满足下列要求。温度测点应选择在流速相对稳定的且无剧烈震动的直管段上。测点部件应符合设计，测孔与焊缝间距应大于管道外径且不小于200mm，两测孔间距不小于300mm，且应方便安装维修。取源底座的材质应符合设计要求，开孔直径和取源件的内径相同，误差不大于1mm，测孔的边缘光滑无毛刺，取源底座与管道表面垂直，误差不大于1mm，焊接及热处理符合焊接标准。热元件安装前外观检查必须完好，安装前对热元件进行检验且绝缘检查合格，元件安装无泄漏，标识牌齐全清晰。热元件插入深度必须满足验标要求。热套式温度元件，要对元件的热套部件进行100％无损检测。

六、流量取源方案

（1）施工前对承压部件、阀门进行检查和清理；对合金钢部件进行光谱分析并做标识；对取源阀门进行严密性试验。核对取源部件的材质与热力设备、管道的材质相符。

（2）相邻两取源部件之间的距离大于管道外径，且不小于200mm。当压力取源部件和测温元件在同一管段上邻近装设时，按介质流向前者在后者的上游。

（3）在热力设备和压力管道上开孔，采用机械开孔；风压管道上开孔可采用氧-乙炔焰切割，切割后孔口磨圆锉光。取源部件的开孔、施焊及热处理工作在热力设备、管道清洗和严密性试验前进行。

（4）取源部件安装端正、牢固、无渗漏，并在安装后做标识。取源阀门的安装靠近测点并便于操作，阀门固定牢固，并能补偿主设备。

七、电缆敷设

1．施工准备及具备条件

（1）电缆敷设用主通道已全部沟通，电缆敷设路径通畅，无杂物且照明良好。

（2）电缆敷设作业指导书已编制完毕，并经审核批准。

（3）开工报告已审批。

（4）电缆已到货，且设备质量符合要求。

（5）施工人员已进行安全、技术交底。

（6）电缆敷设用材料及机具已到位。

2. 施工方案

电缆敷设前应按系统图、原理图、盘内配线图校对电缆清册中的电缆编号、规格、芯数，清楚清册中每根电缆路径，对照走向布置图，检查现场通道有无堵塞或不能通行的地方，以上工作完后，即可按敷设顺序编制清册，供实际敷设时用，根据这个清册写出电缆标牌、临时标志条。根据所编清册，将所需电缆运到现场堆放整齐。

（1）电缆敷设路径选择。电缆敷设负责人应弄清每根电缆起点和终点位置，电缆起点和终点（就地）的工作应分别有专人负责，就地负责人应对每根电缆的路径和终点位置清楚，电缆留取长度余量一般不超过1000mm。控制盘内的电缆预留长度至控制盘端子排。禁止电缆放错盘。

（2）电缆的选择。根据设计院的设计进行选择。

（3）电缆的保管和运输。电缆盘在搬运前应进行检查，包装有无损坏，封端是否良好，各部件如有松动、脱落、不牢固者应予加固。电缆盘上的铁钉如有可能损伤电缆时，应拔掉，若条件许可，电缆盘应用吊车、汽车或平板车，运输进入施工现场后卸下。

路径长的电缆应分段指挥，放电缆时应同时用力或停止。电缆盘用支架支起，其架盘用的轴要有足够强度，电缆盘挡板边缘离地面的距离不得小于100mm。电缆盘的转动速度与牵引速度应很好配合，避免在地上拖拉。敷设过程中如发现电缆压扁或曲折伤痕应停下检查，予以处理，严重者割去，并详细地做好记录，电缆中间一般不应有接头，若有接头，必须在接头处挂明显标牌，禁止将接头留在电缆保护管内。每根电缆敷设好以后，待两端留足够长度、各拐弯处已作初步固定、直线段初步整理过并确认已符合要求时才允许锯切，然后挂上标志牌，再敷设下一根电缆。标志牌上应按图纸设计写明电缆编号。

电缆敷设工作电缆敷设必须由专人指挥，在敷设前向全体施工人员交底，说明敷设电缆根数、始末端、工艺要求及安全注意事项。现场将电缆所经路径全部清理干净。敷设时，人员分配要合理，每敷设一根电缆，应将电缆盘号、电缆切割长度记录下，并记录敷设时间。电缆敷设完后应测量线芯间绝缘、线芯对地绝缘，进行线芯通断试验。

3. 现场文明施工及环保注意事项

（1）设现场电缆摆放整齐且按型号、规格排列有序。

（2）每敷设完一根电缆后，电缆两端应整理好后摆放。

（3）不能使用的短电缆、空电缆盘有专人负责清理，及时运回。

八、单体调校方案

1. 质量管理（质量保证措施）

（1）标准仪器。使用经上级计量部门检定合格的标准计量器具，并保证所使用计量器具在检定有效期内。按照检定规程使用正确等级的标准仪器。

（2）检定人员。检定人员必须经过计量培训持证上岗，操作过程中认真谨慎，严禁损坏仪器。图9-4-3所示为单体调试回路测量电脑检测通信信号。

（a）检测通信信号（一）　　　　　　　　（b）检测通信信号（二）

图9-4-3　单体调试回路测量电脑检测通信信号

（3）检定环境。严格遵守计量室管理规定，计量标准室内保持温度为（20±5）℃，相对湿度不大于85%。

（4）材料、工具。使用符合检定要求的材料、工具，以确保检定过程规范化，使检定数据更准确。

（5）技术准备。

1）认真核对热工保护定值，编写校验清册。图9-4-4所示为工作人员进行网络机柜信号传输远传信号数据核对。

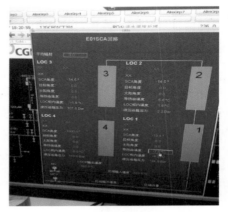

（a）数据核对（一）　　　　　　　　　　（b）数据核对（二）

图9-4-4　网络机柜信号传输远传信号数据核对

2）详细编写作业指导书并报审，批准后组织班员学习。

3）编写施工技术交底，并对所有班组人员进行交底。

4）编写安全技术交底，并对所有班组人员进行交底。

（6）施工过程控制。

1）检查表计外观，如有损坏要及时反映。

2）变送器按照0.5级检定，使用0.1或0.05级标准压力表。

3）检定过程中严格遵守检定规程，谨慎操作仪器及设备，避免人为损坏设备，如有损坏必须责任到人，写出事故经过，并向单位主管汇报，照价赔偿。

4）认真核对表计型号、规格、量程及设计编号，检定过程中力求读数准确，认真完整填写检定记录，不得漏填检定项目。

5）检定结束后将表计恢复原状，并贴好检定标签，开关要用漆点封调整部位。表计要放回包装箱，并在包装箱上做好标记，以便查找。图9-4-5所示为远程操作控制跟随太阳角度运转，图9-4-6所示为程序下装通信模块测试通断。

（a）远程操作（一）　　　　　　　　　　　　　（b）远程操作（二）

图9-4-5　远程操作控制跟随太阳角度运转

（a）测试通断（一）　　　　　　　　　　　　　（b）测试通断（二）

图9-4-6　程序下装通信模块测试通断

6）及时整理检定记录，并出具检定证书，不合格的表计出具检定结果通知书。

2．安全管理

在本单位工程施工过程中，加强了安全管理，对每一位施工人员进行了安全交底。

（1）热电阻校验时，温度应控制使用在 300℃ 以下，以防止油槽内油过度膨胀而溅出。

（2）使用标准热电阻时要轻拿轻放，用完后及时放回盒内，防止损坏、折断。

第十章

太阳岛工程质量验收与调试运行

第一节　工程概况

一、太阳岛是一个模式化分布式平行太阳集热器组（SCA）相连的系统

太阳岛布置分为 A、B、C、D、E、F、G 7 个平台，导热油管线成工字形布置，如图 10-1-1 所示。其中 A 平台有 30 个回路，B 平台有 27 个回路，C 平台有 27 个回路，D 平台 22 个回路，E 平台 30 个回路，F 平台 27 个回路，G 平台 27 个回路。

图 10-1-1　太阳岛布置分为 A、B、C、D、E、F、G 7 个平台

太阳岛是一个模式化分布式平行太阳集热器组（SCA）相连的系统，SCA 之间通过绝热管道相连接。冷导热油从传热储热岛导热油泵出来，进入集热器组，热导热油从集热器组回到传热储热岛。太阳岛由 190 条回路组成，每条回路由 4 个集热器组组成（每个集热器长 160m），分成平行的两列，每列由两个集热器组串联而成。集热器组通过球连接与保温管道相连。泵系统输送导热油进入太阳岛，在集热管内吸收太阳能后升温。

导热油流量与回路出口温度相关，通常出口温度为 395℃，可以通过改变流量改变出口温度。

二、太阳岛管道

运行模式下，冷段主管道内导热油温度为 293～305℃。导热油通过集热管，加热后的设计温度为 395℃。为维持特定流速和最小管道压降，主管道直径随太阳岛内主管道长度变化。最小管道流速由集热器技术提供方基于导热油温度和集热管上的热

负荷给出。所有管道设计时要考虑温度变化引起的热膨胀，可以采用 U 形管道吸收热膨胀量。

三、导热油

传热流体是合成导热油，由共晶混合物联苯（$C_{12}H_{10}$）（27%）和联苯醚（$C_{12}H_{10}O$）（73%）组成。这些组分的蒸汽压力相同，因此可以混合后作为单一介质。导热油在高温下会发生分解反应，缩短其使用有效期。热分解产物包括低分子量产物（低沸点）和高分子量产物（高沸点）。低分子量成分主要有苯、苯酚，和热分解产物氢气和甲烷。高分子量成分有三联苯、四苯基、氧芴、二苯醚一联苯、二苯氧基联苯。实际上通常超过温度后导热油会发生结焦、产生固体颗粒积碳。尤其在高温情况，导热油与氧气接触会发生氧化分解产生可溶性化合物，如同热解一样析出固体碳或碳焦颗粒。通常认为在正常运行工况下氧气不可能进入系统内部，由于系统内加入有惰性气体。在检修或注油期间，如果系统没有充满惰性气体，氧气可能会进入循环系统，在高温时产生氧化物。

为避免热分解，电厂设计应确保导热油总是在制造商推荐的温度限值下运行，见表 10-1-1。

表 10-1-1　　　　　　　　　制造商推荐的导热油温度限值

参数	推荐的导热油温度/℃	太阳能热电厂导热油实际温度/℃
运行温度	400（最大）	395
	12（最小）	65
膜温	425（最大）	393
		395

四、LOC 描述

就地控制器 LOC 的主要作用是操作槽式集热器，其功能包括控制算法、报警功能、液压驱动的电源，所有传感器的接口、执行器、电磁阀以及 SCS 的通信接口。

LOC 可以以不同的模式运行，每一种运行模式和一个命令都与集热器的运行状态相关联。其主要模式有停用模式，停止模式，跟踪模式，部分跟随模式，完全跟随模式，校准模式，位置模式，贮存、清洗和维修模式，手动、自动模式。

图 10-1-2 所示为 LOC 的内部图。

五、太阳岛 DCS 操作模式

太阳岛 DCS 操作模式分为手动命令与自动命令，其中手动命令包括停止模式，跟踪模式，部分跟随模式，完全跟随模式，校准模式，位置模式，储存、清洗和维修模式；自动命令包括储存、等待、生产（跟踪）、控温。

图 10-1-2　LOC 的内部图

第二节　太阳岛重要系统

一、太阳岛液压控制油系统

本工程的太阳能场包括 760 个液压控制系统，每个太阳能集热器组件一个。每个液压控制系统由一个液压动力单元（HPU）和两个液压缸（HYC）组成。液压动力单元由油箱、油泵、液压组块、蓄能器、电磁阀等设备组成，液压动力单元由就地 LOC 控制，液压控制系统内有一个压力变送器，可将系统的压力信号送至 LOC 用于启动停止液压油泵。液压控制系统的油路基本流程为：液压油箱内液压油→液压油泵→液压油组块→电磁阀→液压油连接管→N/S 液压缸→液压油连接管→液压油油箱。

二、太阳岛分散控制系统（DCS）

中广核德令哈 50WM 光热发电项目太阳岛工程 DCS 系统采用 ABB 贝利工程有限公司 Symphony Plus 分散控制系统。控制系统由操作员站、工程师站、历史站、输出设备、分布式处理单元（DPU）及 I/O 模块、电源、机柜等组成。通过高速网络构成的局域网将这些设备连接，实现数据在设备中的传递、交换与共享。

三、计算机监视系统（DAS）

中广核德令哈50WM光热发电项目太阳岛工程DAS系统（计算机监视系统）采用ABB公司控制系统，系统由操作员站、工程师站、历史站、输出设备、分布式处理单元（DPU）及I/O模块、电源、机柜等组成。通过高速网络构成的局域网将这些设备连接，实现数据在设备中的传递、交换与共享。图10-2-1所示为太阳岛工程DAS系统机柜。

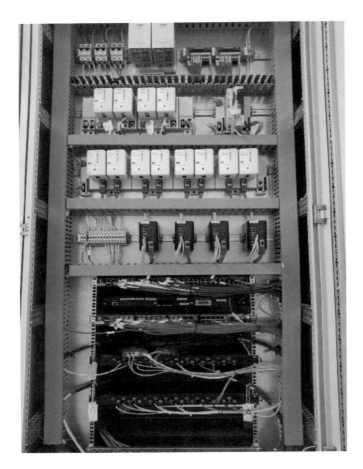

图10-2-1 太阳岛工程DAS系统机柜

DAS系统（计算机监视系统）能完成对整个太阳岛的监视，能显示实时数据、开关量状态、趋势曲线、历史趋势曲线、报警一览、过程画面，能打印各种报表、报警值、实时数据、历史数据及画面拷贝，可进行紧急事件顺序记忆、性能计算等，完成设计的各项功能。DAS系统组态由ABB公司设计。图10-2-2所示为就地LOC系统采用DP通信协议，系统供货商为ABB控制技术有限公司。

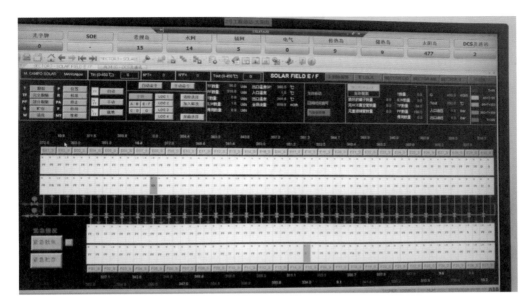

图 10 - 2 - 2　就地 LOC 系统采用 DP 通信协议

第三节 调试过程

一、太阳岛调试

下面以中广核德令哈 50MW 光热发电项目为例，介绍太阳岛的调试过程。

2017 年 10 月太阳岛调试人员进入现场开始编制调试措施等调试前的准备工作；2018 年 2 月底热机专业进入现场；2018 年 3 月 13 日完成太阳岛调试前安全技术交底，太阳岛的现场调试工作开始。

2018 年 3 月 17 日至 4 月 8 日，调试完成太阳岛 A、B、C、D、E、F、G 平台槽式集热器液压驱动装置。调试项目如下：

（1）液压驱动装置油压低（115±5bar）自动启动及油压高（150±5bar）自动停止验证。

（2）液压驱动装置溢流阀压力高（180±5bar）动作验证。

（3）槽式集热器自东向西和自西向东转动全过程中电磁阀自动切换验证。

2018 年 4 月 21 日至 5 月 19 日，调试完成太阳岛 A、B、C、D、E、F、G 平台槽式集热器温度保护和集热器温升速率快保护试验。调试项目如下：

（1）槽式集热器置于跟踪模式或部分跟随模式，当集热器温度大于等于 399℃时，集热器由跟踪模式或部分跟随模式自动切换至完全跟随模式；当集热器温度逐渐下降至小于等于 394℃时，集热器由完全跟随模式自动切换回到原来所处的模式。

（2）集热器吸热升温时，当 DCS 监测到某个集热器 1min 之内温度升高量超过 5℃，则触发集热器温升速率快保护报警，该集热器将执行温升速率快保护动作（集热器向东散焦并自动切换至完全跟随模式），并在 DCS 操作画面上显示"HTF 温度变化快"报警信号。集热器保护由内部逻辑计算控制，"HTF 温度变化快"报警信号约 1.5min 消失，集热器自动切换回到保护动作前所处的模式继续吸热。

2018 年 5 月 24 日至 6 月 21 日，调试完成太阳岛 A、B、C、D、E、F、G 平台槽式集热器回路出口温度保护和回路出口温度控制试验。调试项目如下：

（1）集热器回路处于自动-跟踪模式状态下，集热器回路出口温度由低变高高于 395℃时，LOC4 由跟踪模式自动切换为部分跟随模式并滞后当前太阳角度 0.65°；回路出口温度高于 397℃时，LOC4 滞后当前太阳角度 1°；回路出口温度高于 398℃时，LOC4 滞后当前太阳角度 1.3°；回路出口温度高于 399℃时，回路内全部集热器自动切换至完全跟随模式；回路出口温度下降至 395℃时，回路内集热器自动切换回到跟踪模式。当回路处于自动-跟踪模式且温度在 395～399℃之间波动时，LOC4 滞后角度可以在 0.65°～1.3°之间切换变化，集热器模式可在温度合适时进行逆向切换。集热器回路处于手动-跟踪模式状态下，集热器回路出口温度由低变高，高于 395℃时，LOC4 由跟踪模式自动切换为部分跟随模式并滞后当前太阳角度 0.65°；回路出口温度高于 397℃时，LOC4 滞后当前太阳角度 1°；回路出口温度高于 398℃时，LOC4 滞后当前太阳角度 1.3°；回路出口温度高于 399℃时，回路内全部集热器自动切换至完全跟随模式。当处于手动-跟踪模式且温度在 395～399℃之间波动时，LOC4 滞后角度可以在 0.65°～1.3°之间切换变化，集热器模式不能从完全跟随模式切换到跟踪模式。

（2）回路出口温度控制目的是通过控制 Loop 中的 4 个 LOC 的动作，来达到控制回路出口温度，使其达到设定值，该控制策略在 LOC 自动状态下生效。设定值由操作员手动设定，正常工况下，Loop 中的 4 个 LOC 全部在跟踪模式状态下。当 PV（测量值）＞SP（设定值）时，PID 开始参与控制，此回路的集热器按照 LOC4→LOC3→LOC2→LOC1 的顺序，滞后角度按照 0.65°→1°→1.3°→2°逐渐增大；当 PV＜SP 时，此回路的集热器按照 LOC1→LOC2→LOC3→LOC4 的顺序，滞后角度按照 2°→1.3°→1°→0.65°逐渐减小最后切换回跟踪模式。

2018 年 5 月中旬太阳岛配合常规岛进行吹管，吹管期间太阳岛部分平台投入运行吸热。

2018 年 6 月 5 日根据厂家资料完成太阳岛全部回路入口调阀开度调整。2018 年 6 月底开始进行集热器回路出口温度初步调整试验，到此太阳岛有关的所有连锁保护试验已全部完成，并参与配合常规岛整组启动。

2018 年 7 月，讨论太阳岛问题，决定先暂停回路出口温度调整，进行太阳岛整体流量平衡分配。因业主导热油循环泵流量达不到太阳岛额定流量要求，将太阳岛分成南北两个区进行流量调整，太阳岛各平台集热器回路入口调阀开度都增大约 10%，保证各集热器回路额定流量下的通流能力，7 月根据各回路出口温度进行了 2 次集热器回路入口调阀的开度调整，阴雨天气太多，调试过程颇受制约。

2018 年 8 月阴雨天气太多，因集热器温升速率保护问题，太阳的 DNI（法向直接辐照度）发生突变时太阳岛需要启动并频繁点击提交按钮才能保证集热器回路出口温度上升，才有可能使集热器回路建立起温度梯度。为解决集热器因发生温升速率报警不能正常升温问题，召集 ABB 公司、首航公司节能人员讨论确定集热器发生温升变化快时，太阳偏置角度由 10° 改为 2° 或更小角度，逐步摸索经验，当太阳的 DNI（法向直接辐照度）突变时，不点击启动提交按钮也能实现集热器回路出口温度逐步上升，收到了较好的效果，这还需要导热油在大流量下取得好的效果，并经各方确认才能推广到整个太阳岛。8 月阴雨天气太多，常规岛机组不启动，储热岛不具备储热条件等因素影响，太阳岛根据各回路出口温度值进行了一次回路入口调节阀开度调整，将回路出口温度高的调节阀开大，回路出口温度低的调节阀关小，保证太阳岛整体流量变化不大。

具体调试方法在试验过程中根据各回路出口温度的数值，调整回路入口导热油调节阀开度改变回路导热油流量，从而改变回路温度，并在 8 月 15 日对全厂正常投入的回路入口阀进行调整。但因为电厂常规岛出现重大问题导致无法消耗调试过程中产生的热量，所以出口温度调试进程受限。在集热器投入运行过程中发生集热管爆裂破损并损坏相关的镜片，对相应回路出口温度的调整有一定的影响。

2018 年 9 月也是阴雨天气太多，常规岛问题储热岛进行调试等因素影响，太阳岛分别于 9 月 21 日、9 月 23 日、9 月 27 日根据试验时取得的各回路出口温度，3 次调整全岛各回路进口调节阀。开始想通过一段时间的各回路出口温升速率大小来调整回路入口调节阀开度，通过和回路出口温度大小对比矛盾较多，最终还是根据试验过程中的回路出口温度大小比较来调整回路入口调节阀开度。

2018 年 10 月电厂热量消耗正常，太阳岛进行 7 次入口阀调整，并对全厂集热器角度与太阳角度的偏差进行修正。10 月底，因天气进入多风少雨季节，正常情况下集热器需要每周清洗 2 次来保证集热器良好的吸热效果，由于没有集热器清洗设备，集热器镜面及集热管上表面灰尘太多影响吸热及各回路出口温度判断，各回路出口温度调整调试停止。

二、问题处理

1. 集热器温升速率变化快保护频繁动作

调试过程中太阳岛投入运行吸热时，集热器温升速率普遍大于 5℃，温升速率快保护频繁动作导致集热器散焦影响太阳岛导热油温升。解决方法是集热器发生温升速率报警后的偏置角度由 10° 改为 1.3° 或更小角度。

2. 液压驱动装置漏油

调试过程中部分驱动装置溢流阀处连接不够紧密，导致驱动装置运行时连接处出现渗油现象，导致液压油流失，发现后添加密封环使连接更紧密解决漏油现象。部分驱动装置液压油缸阀块及油箱液位计处连接不紧密，导致驱动装置油箱油量损失，经发现后通过加紧阀块处密封解决漏油现象。

3. 液压驱动装置溢流阀动作压力高

调试过程中部分驱动装置油压高溢流阀动作压力超过设备设计要求（180±5bar），存在安全隐患，发现后通过使用专用工具调节驱动装置溢流阀，将溢流压力控制在设计范围值以内。

4. 液压驱动装置电机热继电器跳闸、电机电源跳闸

调试过程中部分驱动装置电机热继电器频繁跳闸，经分析发现部分电机电流超出设置的热继保护范围，通过现场重新设置热继保护范围解决跳闸问题。另有部分驱动装置电机电源频繁跳闸，经现场仔细检查分析发现，驱动装置电机接线插头设计易导致线头互搭，通过现场调整接线解决电机电源跳闸现象。

5. 集热器频发拒动

调试过程中部分集热器在运动过程中或者应该运动时，频繁发生集热器不动作现象，频发拒动报警等其他报警信号。经就地检查分析发现其中部分拒动现象原因是集热器运动超限、驱动装置缺油、蓄能器无法维持正常压力等原因导致，经过现场加油或更换蓄能器均已解决。

6. 集热管爆管

调试过程中部分集热器集热管发生爆裂损坏，且连带损坏了集热器上的镜片。此种情况下不影响该回路集热器正常投用，运行时一定比例的集热管爆裂属于正常损耗，为了提高太阳岛利用率，国外都是回路上集热管爆裂四五根才进行该回路检修更换，国内集热管爆裂一两根就更换，更换周期长，降低了太阳岛利用率。

7. 太阳岛 UPS 电源跳闸

太阳岛在调试中发现七个平台同时投用时，太阳岛 UPS 电源多次跳闸，分析认为集热器液压油站电机功率太大，解决方法是首航公司更换液压电机和油泵，降低太阳岛启动运行电流。

8. 液压油站立柱销子脱落

太阳岛在运行中逐步暴露出液压油站立柱销子有脱落现象，原因为集热器转动运行阻力较大，把固定销子的钢板用螺栓剪切了，首航已进行修复处理。

9. 太阳岛导热油流量不足

储热岛有三台导热油泵给太阳岛供油，单台泵出力约 $3000m^3/h$，正常运行是两用一备，自调试以来，最大电流下两台泵最大流量约 $4500m^3/h$，达不到太阳岛设计的额定流量 $5400m^3/h$，业主改造了一台导热油泵电机，效果有待验证。

三、调试评价

在调试的每个阶段，要始终把握各系统所有调试项目的进度要求，同时兼顾质量标准，推动调试工作顺利、及时、高效地进行。在 2018 年 11 月 11 日，整套机组达到满负荷要求。调试期间专业技术人员严格贯彻、执行有关规定，未发生因调试失误引起的

设备和人员损伤事故。同时还及时、认真做好原始数据记录，保证记录数据的准确性，发现问题主动分析原因，并协调参加调试的各单位进行处理，严格把好技术质量关，确保每一个调试项目都达到优良标准。

第四节　太阳岛试运行

一、试运行条件

（1）集热场分部试运、整套启动的调试措施方案已编制完成并经批准，验收、移交及其组织机构已成立并经批准。试运程序、连续满负荷运行时间等应按《火力发电建设工程启动试运及验收规程》（DL/T 5437）执行。

（2）系统设备的安装质量应符合设计图纸要求、制造厂技术文件。

（3）现场配备足够的消防器材，消防系统能可靠投运，事故排油或融盐系统处于备用状态。

（4）现场有足够的正式照明，事故照明系统完整、可靠，并处于备用状态。

（5）设备及管道的保温工作已完成，管道支吊架已调整结束。

（6）各有关的手动、电动、气动、液动阀件，经逐个检查调整试验，动作灵活、正确，并标明名称及开、闭方向，处于备用状态。

（7）参与试运的各种容器，已进行必要的清理。

（8）各指示和记录仪表及信号装置已装设齐全，并经校验调整准确。

（9）试运设备或系统已命名挂牌并有明显标识，表计指示正确且在有效期内。

二、附属机械分部试运行前检查要求

（1）电动机经过单独空负荷试运行合格，旋转方向正确，有就地事故按钮的电动机应按设计要求安装、调整并经试验合格。

（2）检查盘动转子，设备内应无摩擦和卡涩等异常现象。

（3）裸露的转动部分应装好保护罩。

（4）自动连锁保护装置模拟试验应动作灵敏、准确。

（5）带变频启动装置的附属机械试运前应确认变频装置已调试合格。

三、试运介质注入

（1）设计介质应满足设计要求，输送设备单体调试完成。

（2）输送管道、阀门以及管道伴热和保温安装完成，输送介质有温度要求时应提前将加热器投运，并能达到设计要求。

（3）储罐加热器和管道伴热已投运，且运行温度指标满足设计要求。使用熔融盐介

质时系统中的设备与管道温度实测值应大于 260°时，方可进行投运。

（4）跟踪驱动装置应配合厂家进行调试，调试应正常，并已传入可编辑逻辑控制器系统（PLC）或者分布式控制系统（DCS），画面控制应正常。

四、试运行过程

（1）预热参数达到设计要求时，应对介质循环泵进行送电，送电要求满足规范要求。

（2）启动循环泵进行集热场介质液体循环，应调节泵的频率循序渐进，直到系统全部正常注入介质，温度无明显下降即为正常运行。

（3）检查系统中全部设备情况，驱动装置油位应正常，旋转时无卡涩现象，加热器运行应正常，螺栓连接应无松动，现场实测温度应符合设计要求，旋转设备符合设计要求，集热管膨胀均匀，膨胀数值满足设计和设备要求。

（4）利用倾角仪传输的太阳光角度与气象设备数据进行自动对比，并能自动调整集热器角度进行逐日，启动聚光加热系统，集热器温度测点数值应满足设计要求，且应满足末端设计温度参数要求。

（5）温度参数达到设计温度值时，应打开热储罐主阀，收集满足运行参数的高温介质，注意观察冷、热储罐液位，并进行现场实地测量。

（6）远传雷达液位计和实际液位值应保持一致，及时记录液位数值。

（7）注意应依据设计文件和运行规程要求进行现场巡查，观察膨胀间隙，观察高温下集热管的变化状态，观测旋转设备运行是否正常，检查是否有漏点，检查防爆装置是否爆破发生泄漏，检查循环泵是否正常运行，检查阀门是否正常，并进行记录。

第五节　项目开发与进展回顾

一、大事记

中广核德令哈 50MW 槽式光热发电示范项目大事记见表 10-5-1。

表 10-5-1　　　中广核德令哈 50MW 槽式光热发电示范项目大事记

序号	时　间	事　件
1	2012 年 3 月	中广核德令哈 50MW 槽式光热发电项目列入了《亚洲开发银行贷款 2012—2014 年备选项目规划新补充项目清单》
2	2012 年 4 月	中广核太阳能公司建设了光热发电技术试验基地
3	2012 年 7 月 13 日	与亚行签署了业务合作谅解备忘录
4	2012 年 12 月	项目环评结束并取得了德令哈当地政府批函
5	2013 年 2 月 5 日	项目正式获得青海省发改委项目核准

序号	时　间	事　件
6	2013 年 3 月	电力接入系统方案通过青海省电力公司预审
7	2013 年 12 月 2 日	亚行执行董事会批准项目
8	2014 年 5 月	项目开始场平施工工程和建设监理招标
9	2014 年 7 月	正式动工
10	2015 年 8 月	主体开工
11	2016 年 3 月	中广核太阳能开发有限公司与北京首航艾启威节能技术股份有限公司和中国电建集团核电工程有限公司联合体签订中广核德令哈 50MW 光热发电项目工程太阳岛 EPC 技术协议
12	2016 年 4 月	传热储热岛开始施工
13	2016 年 6 月 29 日	主变压器安装就位
14	2016 年 9 月	成功入选我国首批光热发电示范项目
15	2016 年 10 月 23 日	开挖太阳岛集热场第一个立柱基础孔洞
16	2017 年 6 月	主厂房封顶
17	2017 年 8 月 31 日	厂用电受电一次成功，标志着德令哈光热项目将逐步开始设备调试工作
18	2017 年 9 月	汽轮机发电机转子吊装就位
19	2017 年 10 月	启动锅炉点火成功
20	2017 年 11 月	加热炉已安装调试完成，GIS 室顺利封顶，镜场已完成安装约 90%
21	2017 年 12 月	进入导热油注油阶段，汽轮机低压缸顺利扣盖
22	2017 年底	传热岛投入运行
23	2018 年 5 月	导热油注油工作圆满完成，预示着项目正式步入并网前系统调试阶段
24	2018 年 6 月 15 日	储热岛开始化盐
25	2018 年 6 月 30 日	一次带电并网成功
26	2018 年 7 月	储热系统化盐完成
27	2018 年 9 月 30 日	实现储能及多种发电模式切换发电
28	2018 年 10 月 10 日	正式并网发电，实现商业运行
29	2020—2022 年	2021 年度上网电量同比 2020 年度提升 31.6%。2021 年 9 月 19 日至 2022 年 1 月 4 日，机组已经连续运行 107d，刷新了 2020 最长连续运行 32.2d 的记录，在国内外处于领先地位
30	2023 年 10 月	在太阳能光热电站的建设和运行中，做到了技术先进、质量优良、安全适用、经济合理、长期可靠

二、项目概述

中广核德令哈 50MW 槽式光热发电示范项目概况见表 10 - 5 - 2。

表 10 - 5 - 2　　　　中广核德令哈 50MW 槽式光热发电示范项目概况

序号	项　目	内　容
1	地址位置	青海省德令哈市西出口太阳能产业园区
2	占地面积	约 2.5km²
3	项目总投资	静态总投资约 17 亿元
4	设计生命周期	25 年
5	天然气用量	9%
6	传热介质	高温导热油
7	储热介质和时长	融盐，9h
8	储热方式	二元硝酸盐双罐储热
9	集热器技术	欧槽（Euro Trough 150）
10	回路数量	190 条
11	单回路长度	800m
12	聚光面积	62 万 m²
13	典型年发电量	1.975 亿 kW·h

三、项目参与企业

中广核德令哈 50MW 槽式光热发电示范项目参与企业见表 10 - 5 - 3。

表 10 - 5 - 3　　　中广核德令哈 50MW 槽式光热发电示范项目参与企业

序号	参与项目	企　业　名　称
1	可行分析	西北电力设计院
2	太阳岛 EPC 技术咨询	河北电力勘测设计研究院上海分院
3	太阳岛 EPC	北京首航艾启威节能技术股份有限公司与中国电建集团核电工程有限公司联合体
4	储热岛 EPC	山东三维石化工程股份有限公司
5	常规岛 EPC	中国电力工程顾问集团西北电力设计院有限公司
6	基础设计	西班牙 Ingeteam 公司、西班牙 TSK Energy Solution 公司
7	太阳岛工程详设	西班牙 TSK Energy Solution 公司
8	欧洲槽技术供应方	SBP（Schlaich Bergermann Partner）公司
9	业主工程师	西班牙 Aries 公司（Aries 公司能源部门已被 AF Consult 收购）
10	测光设备	北京曙光新航科技有限公司、Kipp&Zonen 公司
11	反射镜和集热管供应商	Rioglass 太阳能公司
12	球形接头	美国 Hyspan 精密元件有限公司
13	油水换热器供应商	哈尔滨汽轮机厂有限责任公司
14	油盐换热器供应商	无锡化工装备股份有限公司
15	排污扩容器、汽水分离器	哈电集团哈尔滨锅炉厂有限责任公司

续表

序号	参与项目	企 业 名 称
16	全厂 DCS 控制系统	ABB 公司
17	液压系统设备	特力佳（天津）风电设备零部件有限公司
18	导热油供应商	苏州首诺导热油有限公司
19	熔融盐供应商	新疆硝石钾肥有限公司、文通钾盐集团有限公司
20	导热油泵和熔盐泵供应商	苏尔寿泵业有限公司和磨锐泵有限公司
21	导热油加热炉	常州能源设备总厂有限公司
22	熔盐调节阀、截止阀	福斯（Flowserve）公司
23	化盐服务	百吉瑞（天津）新能源有限公司
24	蒸汽发生系统	哈电集团哈尔滨汽轮机厂有限责任公司
25	汽轮机	东方电气集团东方汽轮机有限公司
26	发电机	东方电气集团东方电机股份有限公司
27	110kV 接入系统工程	湖南湘能电力强弱电实业有限公司

参 考 文 献

[1] 郭苏，刘群明. 槽式太阳能直接蒸汽发电系统集热场建模与控制 [M]. 北京：中国水利水电出版社，2018.

[2] 王长贵，崔容强，周篁. 新能源发电技术 [M]. 北京：中国电力出版社，2003.

[3] 孙尧. 太阳能电力技术的利用与发展 [J]. 杭州电力，1999 (6)：70-72.

[4] 郭苏. 塔式太阳能热发电站镜场和 CPC 及屋顶 CPV 设计研究 [D]. 南京：河海大学，2006.

[5] 郭铁铮. 塔式太阳能热发电站关键控制技术研究 [D]. 南京：河海大学，2011.

[6] 张耀明，王军，张文进. 太阳能热发电系列文章（1）——聚光类太阳能热发电概述 [J]. 太阳能，2006 (1)：39-41.

[7] 王军，刘德有，张文进，等. 太阳能热发电系列文章（3）——碟式太阳能热发电 [J]. 太阳能，2006 (3)：31-32.

[8] 刘巍，王宗超. 碟式太阳能热发电系统 [J]. 重庆工学院学报（自然科学），2009 (23)：99-103.

[9] 王亦楠. 对我国发展太阳能热发电的一点看法 [J]. 中国能源，2006 (28)：5-10.

[10] 王春雷. 五点法自动跟踪太阳装置 [J]. 太阳能学报，2005 (5)：30-31.

[11] 王军. 太阳能热发电系统及关键部件的开发研究 [D]. 南京：东南大学，2007.

[12] 张耀明，王军，张文进，等. 太阳能热发电系统文章（2）——塔式与槽式太阳能发电 [J]. 太阳能，2006 (2)：29-32.

[13] 郭苏，刘德有，张耀明. 塔式太阳能热发电的定日镜 [J]. 太阳能，2006 (5)：34-37.

[14] 张耀明，邹明宇. 太阳能科学开发与利用 [M]. 南京：江苏科学技术出版社，2012.

[15] 安翠翠. 抛物槽集热器的热性能研究 [D]. 南京：河海大学，2008.

[16] 赵明智. 槽式太阳能热发电站微观选址的方法研究 [D]. 呼和浩特：内蒙古工业大学，2009.

[17] 冒东奎. 太阳能热力发电技术进展 [J]. 甘肃科学学报，1996 (3)：54-60.

[18] 李钦钢，韩亚萍，姜彬. 导热油的选用 [J]. 林业机械与木工设备，1998 (8)：33.

[19] 郭苏，刘德有，张耀明，等. 循环模式 DSG 槽式太阳能集热器出口蒸汽温度控制策略研究 [J]. 中国电机工程学报，2012，32 (20)：62-68.

[20] 陈媛媛，朱天宇，刘德有，等. DSG 太阳能槽式集热器的热性能研究 [J]. 动力工程学报，2013，33 (3)：228-232.

[21] 韦彪，朱天宇. DSG 太阳能槽式集热器聚光特性模拟 [J]. 动力工程学报，2011，31 (10)：773-778.

[22] 梁征，孙利霞，由长福. DSG 太阳能槽式集热器动态特性 [J]. 太阳能学报，2009，30 (12)：1640-1646.

[23] 杨宾. 槽式太阳能直接蒸汽热发电系统性能分析与实验研究 [D]. 天津：天津大学，2011.

[24] 曲航. 槽型抛物面太阳能热发电系统选址分析及集热管传热的研究 [D]. 天津：天津大学，2008.

[25] 张先勇，舒杰，吴昌宏，等. 槽式太阳能热发电中的控制技术及研究进展 [J]. 华东电力，2008 (2)：135-138.

[26] 王亚龙. 槽式太阳能集热与热发电系统集成研究 [D]. 北京：中国科学院研究生院（工程热物理研究所），2010.

[27] 王军，张耀明，张文进，等. 太阳能热发电系列文章（10）——槽式太阳能热发电中的聚光集

热器 [J]. 太阳能, 2007 (4): 25-29.

[28] 徐涛. 槽式太阳能抛物面集热器光学性能研究 [D]. 天津: 天津大学, 2009.

[29] 韦彪, 朱天宇, 刘德有. 槽式 DSG 太阳能集热系统模拟分析 [J]. 工程热物理学报, 2012, 33 (3): 473-476.

[30] 李明, 夏朝凤. 槽式聚光集热系统加热真空管的特性及应用研究 [J]. 太阳能学报, 2006 (1): 90-95.

[31] 熊亚选, 吴玉庭, 马重芳, 等. 槽式太阳能集热管传热损失性能的数值研究 [J]. 中国科学 (技术科学), 2010, 40 (3): 263-271.

[32] 熊亚选, 吴玉庭, 马重芳, 等. 槽式太阳能聚光集热器热性能数值研究 [J]. 工程热物理学报, 2010, 31 (3): 495-498.

[33] 崔映红, 杨勇平. 蒸汽直接冷却槽式太阳集热器的传热流动性能研究 [J]. 太阳能学报, 2009, 30 (3): 304-310.

[34] 梁征, 由长福. 太阳能槽式集热系统动态传热特性 [J]. 太阳能学报, 2009, 30 (4): 451-456.

[35] 潘小弟, 纪云锋, 王桂荣. 注入模式下 DSG 系统反馈线性化串级控制器设计 [J]. 微计算机信息, 2011, 27 (1): 28-30.

[36] 王桂荣, 潘小弟, 纪云锋. 注入模式运行的 DSG 槽式系统温度控制方案研究 [A]. Proceedings of 2010 International Conference on Semiconductor Laser and Photonics (ICSLP 2010)[C]. 成都, 2010.

[37] 张鹤飞. 太阳能热利用原理与计算机模拟 [M]. 西安: 西北工业大学出版社, 2004.

[38] 章臣樾. 锅炉动态特性及其数学模型 [M]. 北京: 水利电力出版社, 1987.

[39] 沈继红, 高振滨, 张晓威. 数学建模 [M]. 北京: 清华大学出版社, 2011.

[40] 林宗虎. 气液两相流和沸腾传热 [M]. 西安: 西安交通大学出版社, 2003.

[41] 黄锦涛. 600MW 超临界直接锅炉螺旋管圈水冷壁动态过程特性及敏感性研究 [D]. 西安: 西安交通大学, 1999.

[42] 潘天红, 乐艳, 李少远. 大范围工况热工过程的多模型预测控制 [J]. 系统工程与电子技术, 2004 (10): 1439-1443.

[43] 陈玉田. 偏微分方程数值解法 [M]. 南京: 河海大学出版社, 1999.

[44] 李荣华, 冯果忱. 微分方程数值解法 [M]. 3 版. 北京: 高等教育出版社, 1996.

[45] 李凌, 袁德成, 井元伟, 等. 基于线上求解法的分布参数系统仿真 [C] //第八届全国信息获取与处理学术会议论文集, 2010: 504-506.

[46] 胡上序. 分布参数系统的数字仿真 [J]. 信息与控制, 1983 (4): 57-63.

[47] 黄锦涛, 陈听宽. 超临界直流锅炉蒸发受热面动态过程特性 [J]. 西安交通大学学报, 1999 (9): 71-75.

[48] 宋汉武. 蒸汽锅炉减温器 [M]. 重庆: 科学技术文献出版社重庆分社, 1987.

[49] 宁德亮, 庞凤阁, 高璞珍. 喷水减温器动态仿真模型的建立及其解法 [J]. 核动力工程, 2005 (3): 280-283, 290.

[50] 闫涛, 杨青瑞, 尚伟. 喷水减温器简易建模方法及 Simulink 仿真研究 [J]. 硅谷, 2009 (8): 21-23.

[51] 倪维斗, 徐向东. 热动力系统建模与控制的若干问题 [M]. 北京: 科学出版社, 1996.

[52] 綦明明, 冷杰, 俞辉. 超临界直流锅炉内置式汽水分离器数学模型及仿真 [J]. 东北电力技术, 2009, 30 (12): 1-5.

[53] 王宗琪, 王陶, 章臣樾. 直流锅炉启动分离器数学模型与仿真 [J]. 热能动力工程, 1997 (1): 61-64, 80.

[54] 陶永华. 新型 PID 控制及其应用 [M]. 北京: 机械工业出版社, 2004.

[55] 谢长生，胡亦鸣，钟武清. 微型计算机控制基础 [M]. 成都：电子科技大学出版社，1994.

[56] 胡寿松. 自动控制原理 [M]. 北京：科学出版社，2001.

[57] 邱亮. 基于阶跃辨识的 PID 自整定算法研究及其应用 [D]. 上海：上海交通大学，2013.

[58] 李瑞霞. 智能 PID 整定方法的仿真与实验研究 [D]. 太原：太原理工大学，2007.

[59] 刘道. 基于改进粒子群优化算法的 PID 参数整定研究 [D]. 衡阳：南华大学，2012.

[60] 张云广，沈炯，李益国. 基于多模型切换的过热汽温广义预测控制 [J]. 华东电力，2009，37（1）：164 - 168.

[61] 刘向杰，殷冲，侯国连，等. 联合循环电厂余热锅炉的监督预测控制策略 [J]. 中国电机工程学报，2007（20）：52 - 58.

[62] 王国玉，韩璞，王东风. PFC - PID 串级控制在主汽温控制系统中的应用研究 [J]. 中国电机工程学报，2002（12）：51 - 56.

[63] 李晓理，王伟. 多模型自适应控制 [M]. 北京：科学出版社，2001.

[64] 诸静. 智能预测控制及其应用 [M]. 杭州：浙江大学出版社，2002.

[65] 王伟. 广义预测控制理论及其应用 [M]. 北京：科学出版社，1998.

[66] 童一飞，金晓明. 基于广义预测控制的循环流化床锅炉燃烧过程多目标优化控制策略 [J]. 中国电机工程学报，2010，30（11）：38 - 43.

[67] 弓岱伟，孙德敏，郝卫东，等. 基于多模型切换阶梯式广义预测控制的电站锅炉主汽温控制 [J]. 中国科学技术大学学报，2007（12）：1488 - 1493.

[68] 岳俊红. 复杂工业过程多模型预测控制策略及其应用研究 [D]. 北京：华北电力大学，2008.

[69] 郭启刚. 热工过程多模型控制理论与方法的研究 [D]. 保定：华北电力大学，2007.

[70] Mills D. Advances in solar thermal electricity technology [J]. Solar Energy，2004，76（1）：19 - 31.

[71] Al - sakaf O H. Application possibilities of solar thermal power plants in Arab countries [J]. Renewable Energy，1998，14（1）：9.

[72] Rorbert K S，Lebanon M. Heliostat assemblies：United States，AU5003079 [P]. 1980 - 04 - 17.

[73] Winter C J，Sizmann R L，Vant - Hull L L. Solar power plants [M]. Berlin：Springer - Verlag，1991.

[74] Kolb G J，Jones S A，Donnelly M W，et al. Heliostat cost reduction study [M]. Albuquerque：Sandia National Laboratories，2007.

[75] Cohen G，Kearney D. Improved parabolic trough solar electric system based on the SEGS experience [A]. proceeding of ASES Annual Conference [C]. San Jose，CA，1994：147 - 150.

[76] Price H，Lupfert E，Kearney D，et al. Advances in parabolic trough solar power technology [J]. Journal of Solar Energy Engineering，2002，124（2）：109 - 125.

[77] Zarza E. Overview on direct steam generation（DSG）and experience at the plataforma solar de almeria（PSA）[R]. Spain：CIEMAT - Plataforma Solar de Almeria，2007.

[78] Dudley V，Kolb G，Sloan M，et al. SEGS LS2 solar collector - test results [R]. Albuquerque：Sandia National Laboratories，1994.

[79] Giostri A，Binotti M，Silva P，et al. Comparison of two linear collectors in solar thermal plants：parabolic trough vs. fresnel [A]. Proceedings of the ASME 2011 5th International Conference on Energy Sustainability [C]. Washington D. C，2011.

[80] Dagan E，Muller M，Lippke F. Direct steam generation in the parabolic trough collector [R]. Report of Plataform Solar de Almeria - Madrid，1992.